U0344164

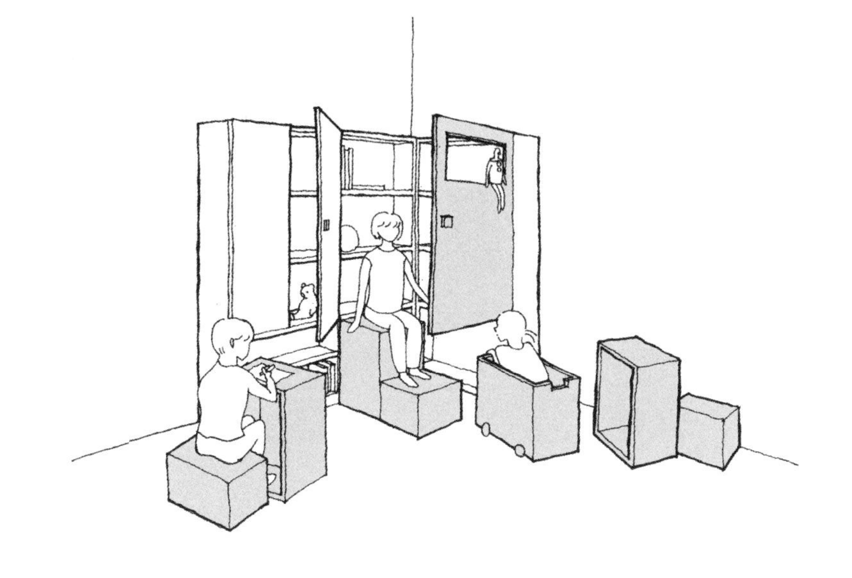

装修设计解剖书

住宅・インテリアの解剖図鑑

〔日〕松下希和 著　温俊杰 译

南海出版公司

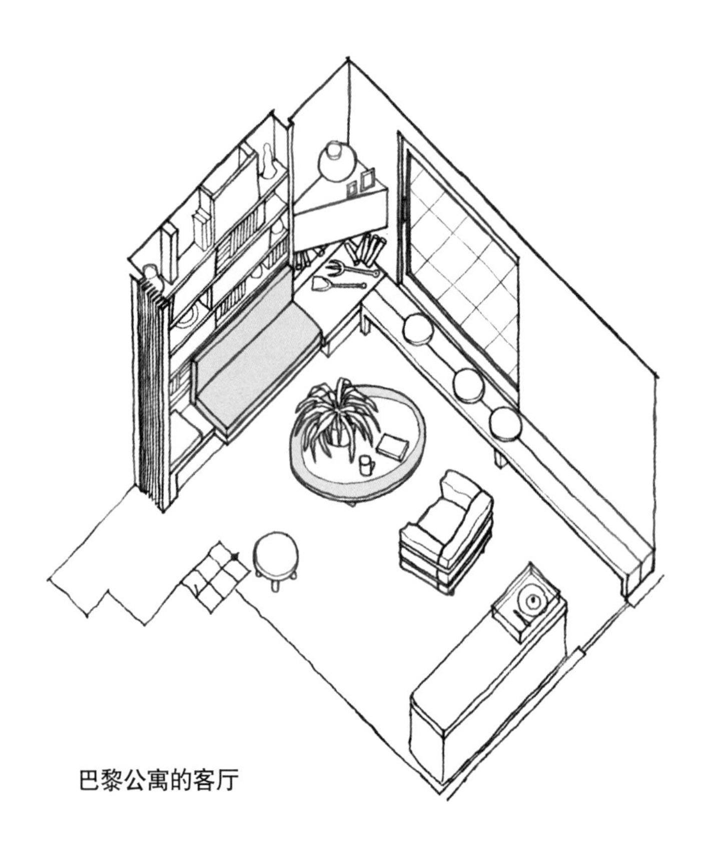

巴黎公寓的客厅

新经典文化股份有限公司
www.readinglife.com
出 品

目　录

CHAP. 2 聚集人气的地方
——客厅和椅子创造的空间

CHAP.
3 让房间与众不同
——卧室、书房、儿童房

CHAP. 4 小空间别具风格
——关于玄关、洗手间、收纳、间壁

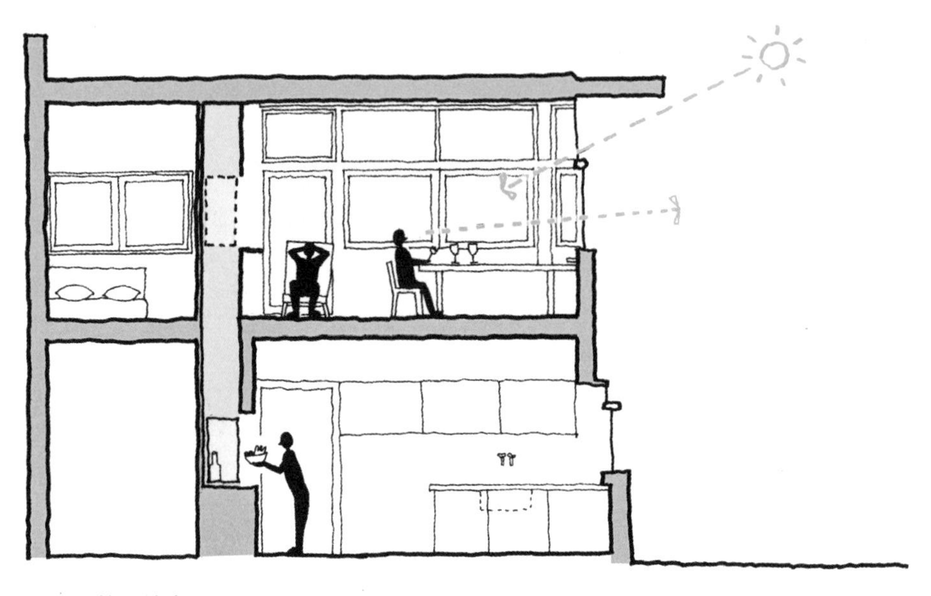

施罗德住宅的客厅

序

手捧这本书的各位朋友，一定是想把自己的家装修得整洁、舒适、美观（或是想在这样的家里生活）。

住宅的装修，不仅是对建筑物的内部进行简单装饰。如果想拥有一个舒适的家，需要生活必备的家具，照明用的灯具，一些生活小物都是装修中应当重点考虑的因素。当然，并不是每一个环节都能融入自己的设计。如果处处都有精心的设计，这样的家很可能住着不方便。为了日常生活的便利，装修时要考虑美观，更要充分重视功能性。人们之所以常常说“住宅装修很难做计划”，或许就是因为难以兼顾美观与功能性。但是，只要在各种元素的搭配组合上多动脑筋，拥有“舒适的家”也并非难事。

装修时，怎样搭配各种元素才能打造出舒适的住宅？这些元素怎样组合才能更好地满足生活需求？本书将针对这些问题展开详细探讨。还借鉴了前辈设计师们的杰作，并从这些作品中汲取智慧。本书中介绍的大多是20世纪初期到20世纪中叶的作品。这一时期，设计师们对“室内设计”的热情空前高涨，剖析了“室内设计”的本质，对住宅设计进行了前所未有的研究和探索。今天意义上的“现代生活方式”也诞生于这个时代。与此同时，一大批朝气蓬勃的设计师应运而生，在住宅设计如何才能更好地满足现代生活对舒适性的需求这一问题上，投入了孜孜不倦的努力。当时的生活与今天有很多不同之处，本书将着重介绍这些杰作中仍适用于当下生活的诸多优点。

即将在本书中登场的是 11 位具有代表性的女性建筑设计师。其中有些人可能并不为我们所熟知。为什么选择这些设计师呢？主要有两个原因。

首先，她们确实是室内设计领域的专家。女性刚刚开始参与建筑设计时，正是女性的社会角色被限制在厨房和育儿等与家庭相关领域的时代。她们既是住宅的设计者，也是住宅的使用者，她们的设计不仅外观精致，优越的功能性也得到了充分印证，因此，她们的作品在今天仍具有方便使用的优点和不朽的价值。

其次，她们拥有与同时代男性设计师截然不同的视角。对于室内设计，我们不能简单地按性别来判断这方面的工作适合男性或女性。但可以肯定的是，模仿他人的构思无法创造出新颖的设计作品。最先发现女性独特视角，并把它作为新奇的创意的是现代建筑的四大巨匠。大家可以参照本书第 4 ～ 5 页，了解现代建筑巨匠与这些女设计师们之间的联系。弗兰克 · 劳埃德 · 赖特、密斯 · 凡 · 德罗、勒 · 柯布西耶等建筑大师最先认同了当时还很少见的女设计师们的才能，并积极地与她们合作。他们并不是女权主义者，只是这些建筑大师们都拥有聆听、接受新奇创意的博大胸怀。

这些女设计师的优秀作品让建筑巨匠们赞不绝口，如果埋没了她们的才能，真是暴殄天物。本书尝试从“解剖”室内设计切入，详细介绍她们的作品，这与以往介绍建筑巨匠作品的书籍有着显著的区别。希望读者朋友们能够从书中发掘出一些适用于现代生活的创意和观点。

本书在创作过程中得到了中山繁信先生的大力支持。中山先生不仅在插图方面给予我很多宝贵的意见，还建议我在文字叙述上加入一些幽默元素。本书中女建筑师们的肖像画也都是由中山先生亲手绘制的。另外，野上广美女士耐心细致的编辑也给予了我很大的帮助。

最后，还想提一下我的女儿，谢谢你总是用温暖的笑脸支持我。

借此机会向各位表示衷心的感谢！

松下希和

本书中出现的设计师的关系图

本书主要介绍了 11 位女设计师的室内设计及家具作品。她们与现代建筑四大巨匠的人物关系图如下。

本书中出现的设计师

其他设计师

恩斯特 · 梅（Ernst May）——共同设计者——玛格丽特 · 里奥茨基（Margarete Schutte-Lihotzky ）

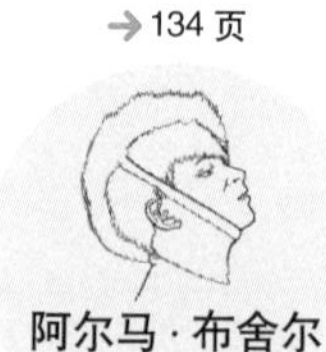

→26 页

→134 页

马里安 · 布朗特（Marianne Brandt）

→134 页

阿尔马 · 布舍尔（Alma Buscher Siedhoff）——学生

莉莉 · 莱克（Lilly Riech）——恋人、共同设计者

→108 页

制造密斯设计的家具

蕾 · 伊姆斯（Ray Eames）——第二任妻子、共同设计者——查尔斯 · 伊姆斯（Charles Ormond Eames, Jr ）——朋友——佛罗伦斯 · 诺尔（Florence Knoll Bassett）

→89 页

→89 页

艾诺 · 阿尔托（Aino Aalto）——第一任妻子 、共同设计者——阿尔瓦 · 阿尔托（Alvar Aalto）

→27 页

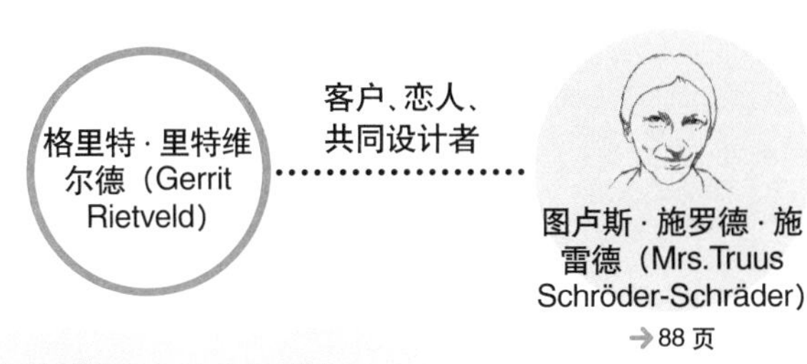

格里特·里特维尔德（Gerrit Rietveld）
客户、恋人、共同设计者
图卢斯·施罗德·施雷德（Mrs.Truus Schröder-Schräder）
→88 页

现代建筑四大巨匠

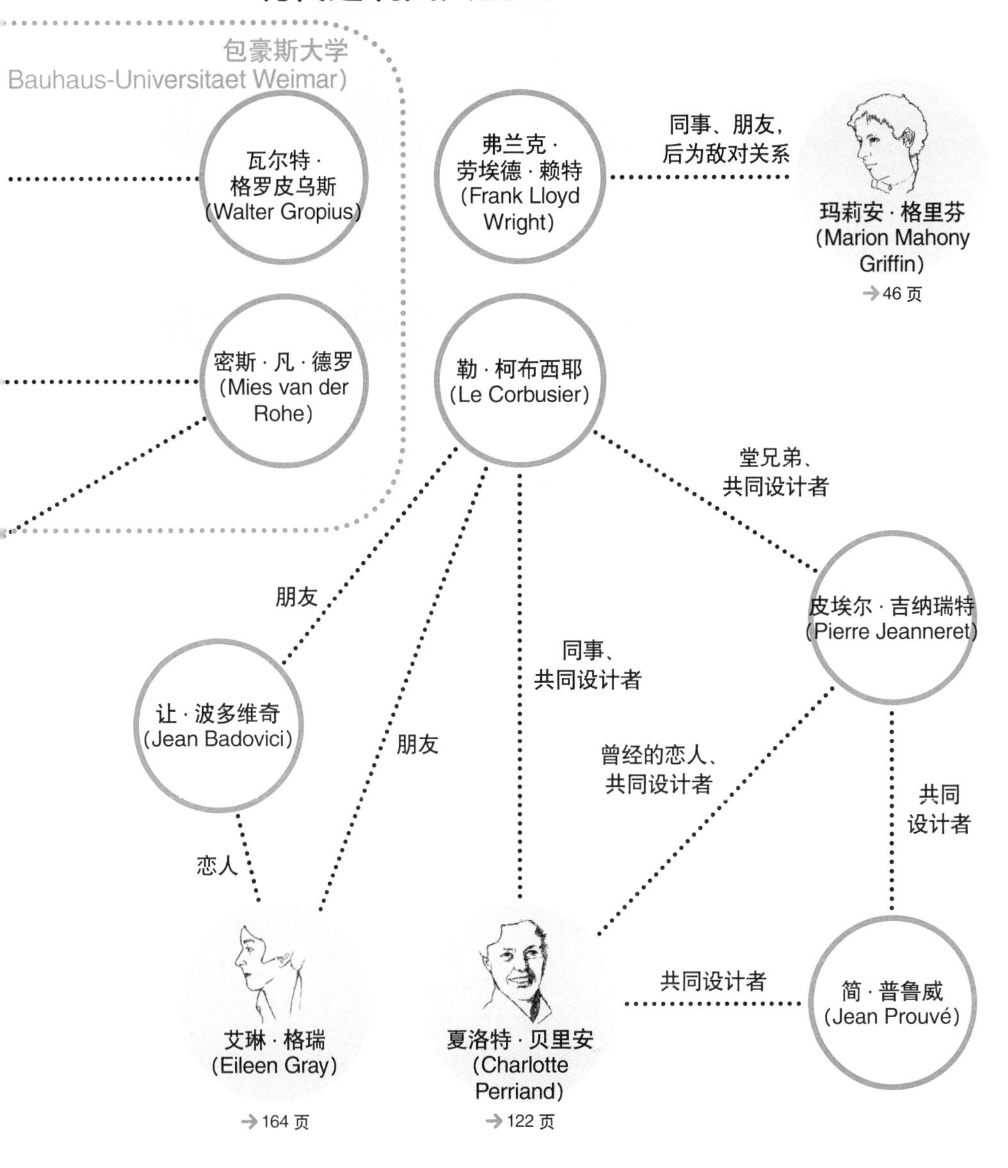

包豪斯大学
Bauhaus-Universitaet Weimar)
瓦尔特·格罗皮乌斯（Walter Gropius）
弗兰克·劳埃德·赖特（Frank Lloyd Wright）
同事、朋友，后为敌对关系
玛莉安·格里芬（Marion Mahony Griffin）
→46 页
密斯·凡·德罗（Mies van der Rohe）
勒·柯布西耶（Le Corbusier）
堂兄弟、共同设计者
皮埃尔·吉纳瑞特（Pierre Jeanneret）
朋友
同事、共同设计者
让·波多维奇（Jean Badovici）
朋友
曾经的恋人、共同设计者
共同设计者
恋人
共同设计者
艾琳·格瑞（Eileen Gray）
夏洛特·贝里安（Charlotte Perriand）
简·普鲁威（Jean Prouvé）
→164 页
→122 页

马赛公寓的半开放式厨房

CHAP.

1

从“吃”的角度看装修

——厨房、餐厅

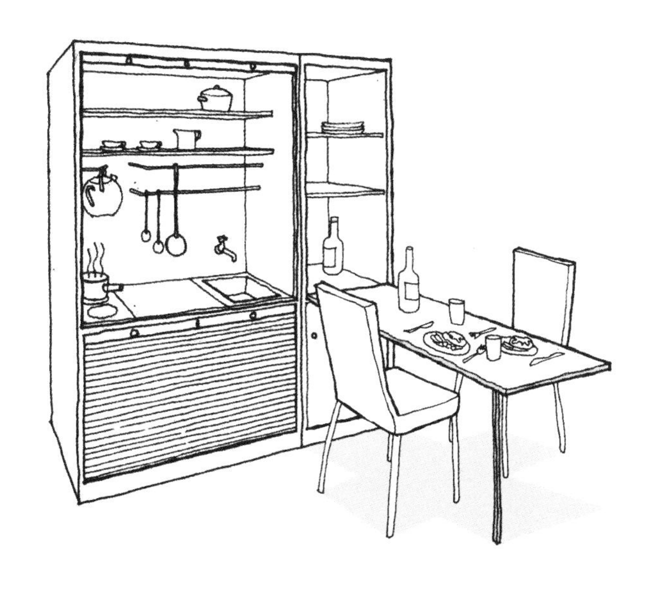

基本要点

厨房样式体现“做”和“吃”的关系

厨房原本扮演的是“贤内助”的角色。在住宅中，通常被设计成独立的空间。随着时代的发展，厨房与餐厅的距离越来越近，演变成餐厅和厨房一体的空间。再后来，餐厅、客厅融为一体的开放式厨房出现了。但是，我们不能因此就把固有的分离型（封闭式）厨房说成是旧式厨房，也不能把卧室和厨房一体的“小岛型”房间叫作新式厨房。

每个家庭做饭的空间与吃饭的空间之间的关联，对饮食的看法，以及厨房的使用方法不同，厨房的样式源于每个家庭对上述因素的考虑，呈现出多样化的特点。我们不能只凭借外观就轻易选择流行的厨房样式，选择适合入住者生活习惯的厨房才是最佳方案。

厨房发展的整体趋势是逐渐朝着开放式、分散化的方向发展。厨房家用电器以及半成品，外卖（把烹饪好的食品带回家里吃）的迅速发展，让家庭里的烹饪工作变得简单起来；而负责烹饪的人也不再局限于家庭主妇；家庭成员聚在一起吃饭的习惯逐渐淡化，分别在自己想吃的时候吃饭的倾向日趋显著。这些都是厨房向开放式、分散化发展的原因。

渐渐地，厨房没有必要作为独立的房间出现，只要有供水和排水设备、换气设备和炊事用具就可以了。因此，将来很可能会出现“移动厨房”，任何房间都可以成为厨房。

希望大家从各种各样的厨房中选择最适合自己的样式。

各种各样的厨房

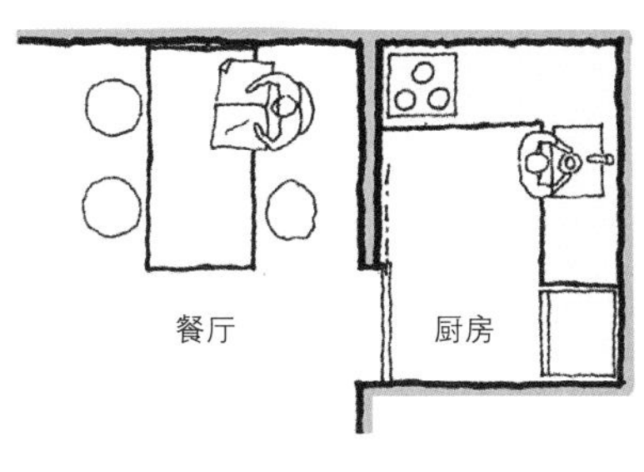

分离型

厨房以一个单独房间的形式出现。做饭的人会觉得孤单，但是异味和污垢不会影响其他房间，有些人觉得这种厨房使用起来比较方便。

➔见第 10-12 页，法兰克福厨房

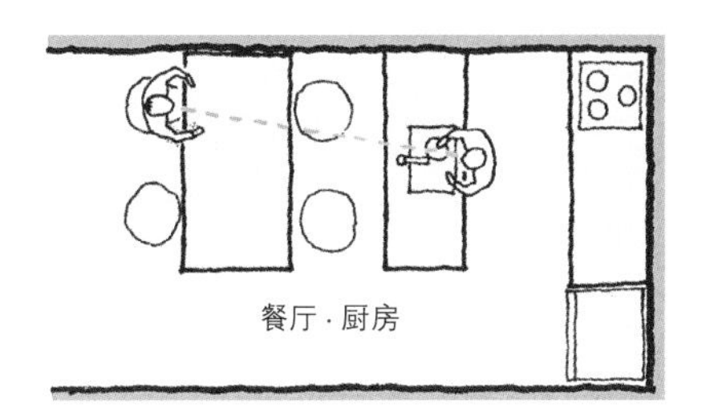

面对面型

厨房和餐厅在同一个空间里，被餐台隔开，但可以看到做饭的人，并交谈。

➔见第 20 页，集成式厨房

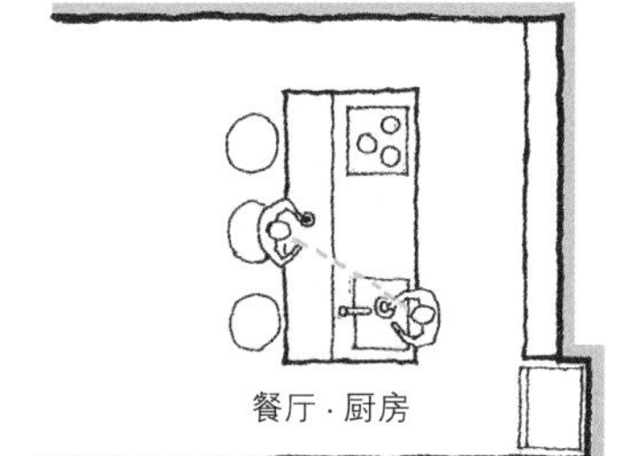

小岛型

厨房、餐厅和客厅基本上融为一体。餐厅以柜台的形式出现，用餐者与烹饪者之间的距离进一步拉近。

➔见第 24 页，撒哈拉厨房

与餐厅融为一体的厨房今后会怎样发展？

移动厨房

乔 · 哥伦布（Joe Colombo）设计的移动厨房，只要插上电源，任何地方都可以变成厨房。

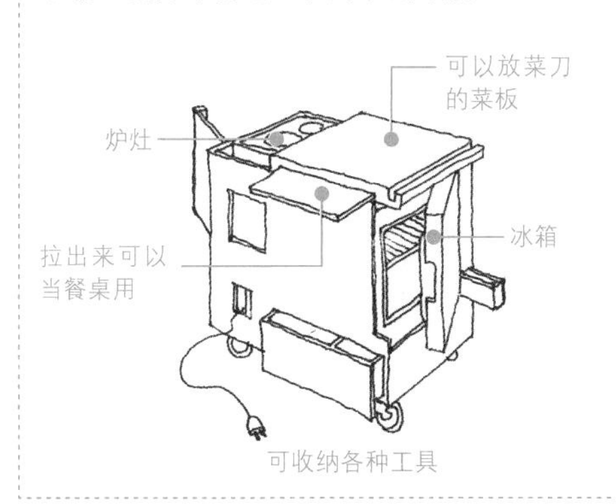

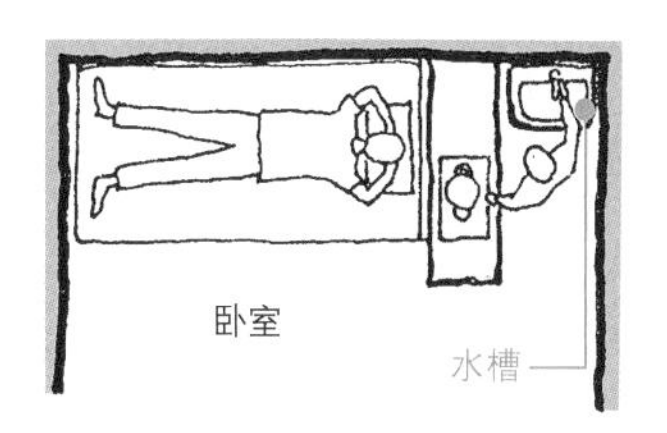

自由移动的厨房

施罗德夫人曾有过这样的设想：将来的厨房不是在一个固定场所，而是演变成随处可以烹饪的样式。因此，她在施罗德住宅（Rietveld Schroder House）的几乎所有房间里都设置了水槽。电子烹饪器具出现后，烹饪变得简单，施罗德夫人的想法有了实践的可行性。可以在卧室里准备早餐，这种情景想一想都让人心驰神往。

厨房变小，家务变轻松

“真希望不用花太多时间和精力就能做出美味佳肴！可是，厨房太小，做不出像样的饭菜……”有这种想法的人不在少数吧。其实，只要厨房的功能和烹饪过程中的动线得到了有效整理，厨房适当变小使用起来更方便（详见 MEMO）。

如今的厨房讲究功效性和实用性，这种设计原则始于中产阶级的家庭主妇承担全部家务的近代以后。当时在西欧，厨房设置在采光较差的大房间里，水槽和煤气灶根据房间的具体情况配置。

里奥茨基设计世界上第一个具有现代化配套炊具的厨房时，参考了代表福特体系的流水作业结构。她认真分析后，设计出烹饪过程中尽可能减少移动的高效动线。结果，厨房的面积变得只有原来的一半，家庭主妇的负担也减轻了很多。

厨房越大，动线越复杂

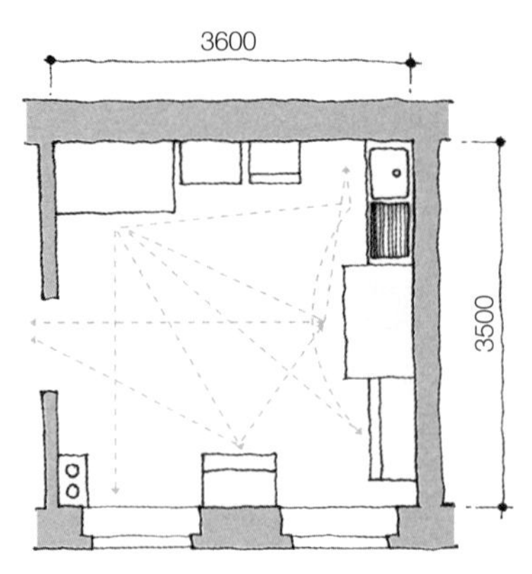

以前的厨房面积过大，烹饪时的动线趋于繁复。

注：本书中没有标明单位的长度，单位均为 mm。

简化动线，提高家务效率

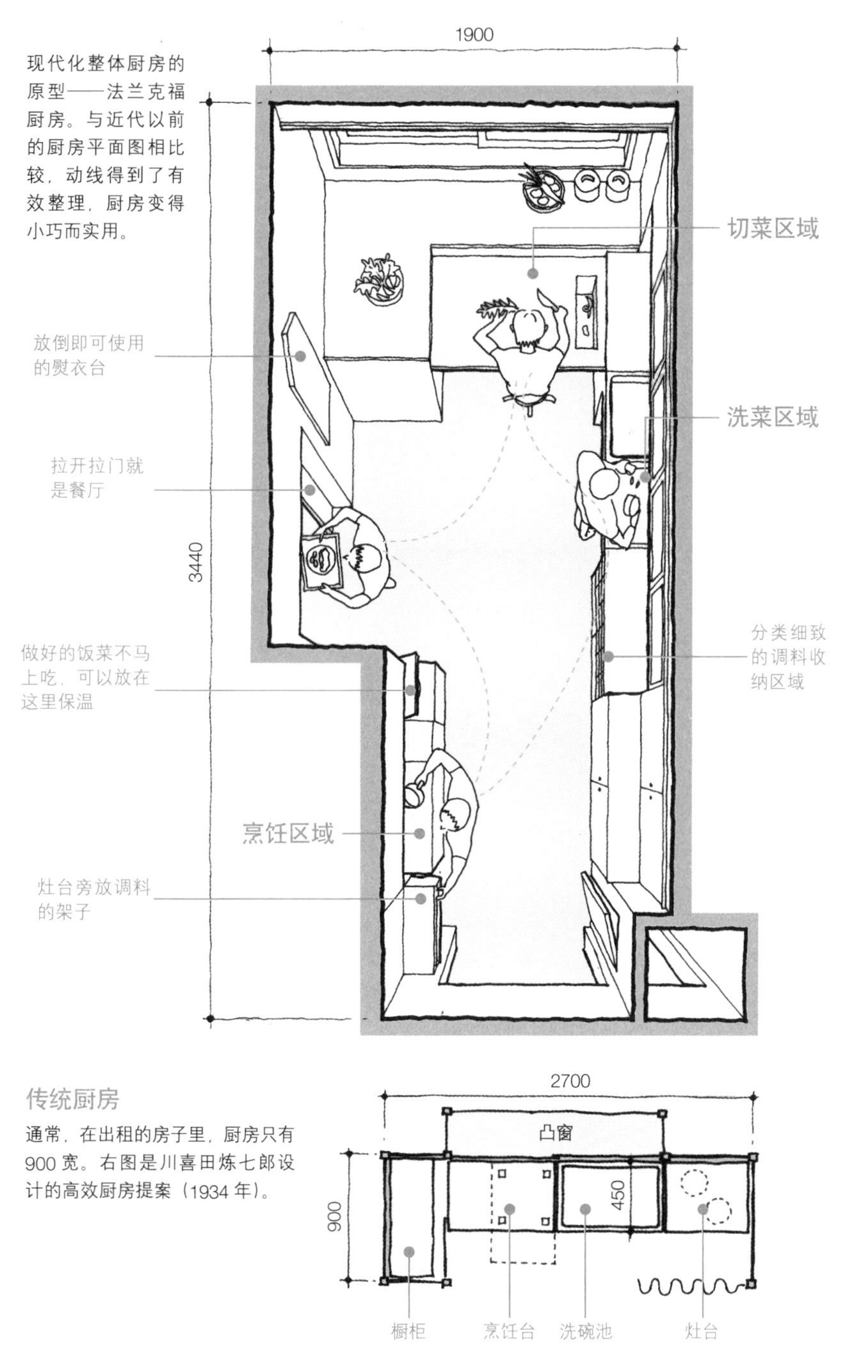

现代化整体厨房的原型——法兰克福厨房。与近代以前的厨房平面图相比较，动线得到了有效整理，厨房变得小巧而实用。

传统厨房

通常，在出租的房子里，厨房只有900宽。右图是川喜田炼七郎设计的高效厨房提案（1934年）。

【MEMO】如果是双列型厨房，台面之间的距离应当是一个人烹饪750，两个人烹饪900。如果比这个距离宽太多，会增加不必要的移动。

法兰克福厨房 / 玛格丽特 · 里奥茨基

省力又环保的厨房

这里介绍的是优先考虑效率和实用性的厨房，也是最早的现代化整体厨房。里奥茨基 1926 年设计的这款厨房，在今天看来仍有参考价值，因为它在节省人力方面下了很多功夫。

比如，切菜等耗时的工作可以坐着完成，因为台面的高度降低了。又比如，让台面也具有切菜板的功能，并在台面上开一个小孔，用来扔垃圾。台面下面积满垃圾的容器可以取下，内侧设计成较细的构造，可以轻松倒掉里面的垃圾。

在电力宝贵、没有冰箱的时代，这款厨房在环保方面也下足了功夫。为了让窗口处的食品避免阳光直射，除了在厨房台面上搭建搁架，还在台面旁边设置了阴凉通风的食品柜。同时，为了有效地利用灯具照明，天花板装了灯具轨道，并有拉绳，灯可以根据需要滑到最合适的地方（详见 MEMO）。

设计厨房时，再认真地考虑一下，也许会得到省力或环保的启示。

节省人力的洗涤流程

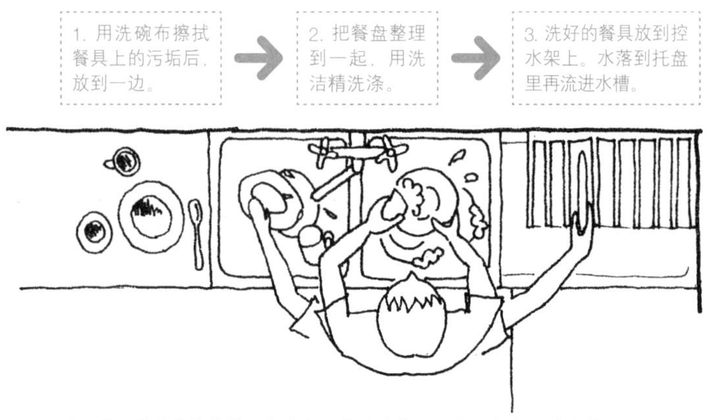

这是最早的现代化整体厨房中餐具的洗涤方法。从左向右，流水作业。

最早的现代化整体厨房，至今值得我们借鉴

厨房中，在用水区域进行的工序很多。设计时，如果认真思考每道工序，并设计出与之相适应的构造，就能提高厨房的便利性。

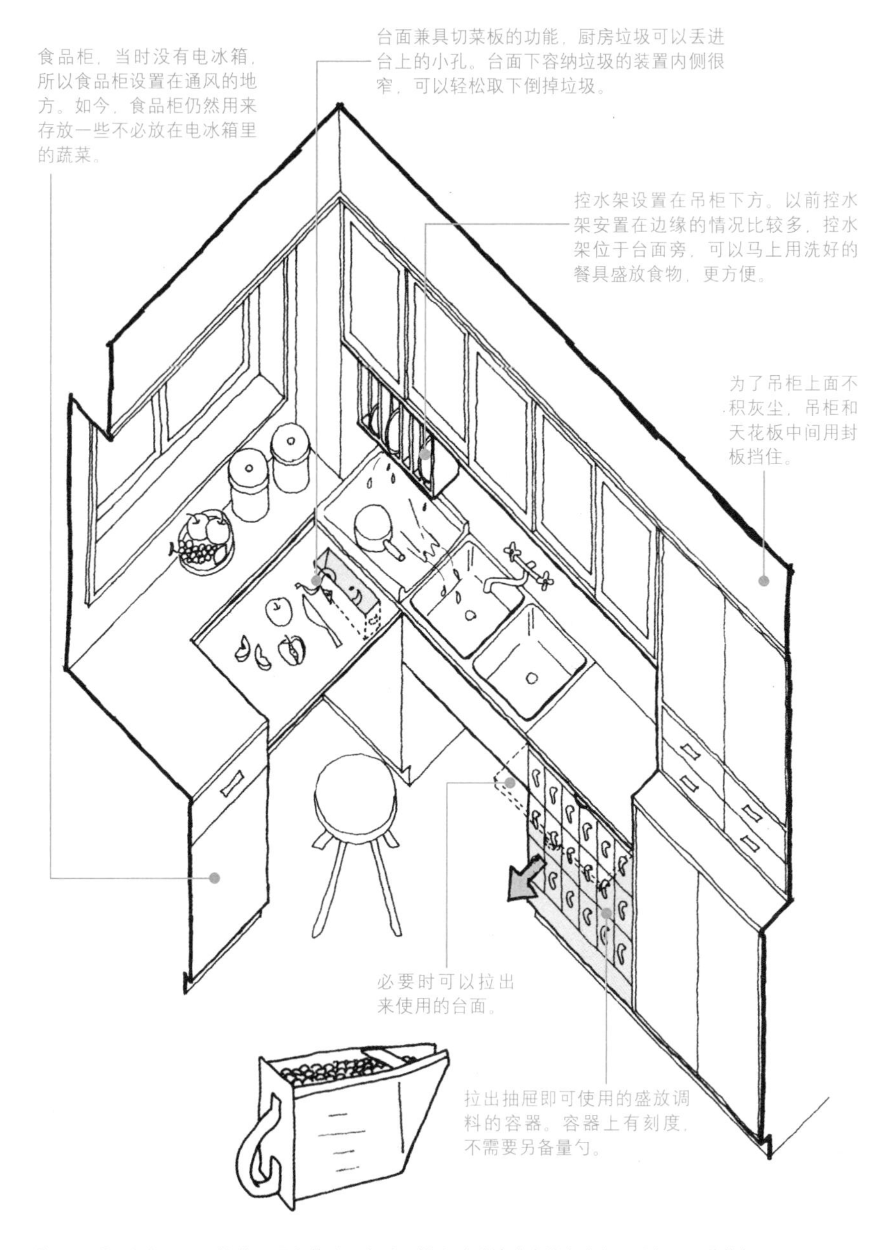

【MEMO】厨房的照明，推荐用明亮整洁、有助于提高味觉敏感度的白光灯。比如LED节能灯。

阿尔托家的厨房 / 艾诺 · 阿尔托

最好用的厨房黄金比例

厨房设计成多大合适、厨房台面和吊柜的尺寸多大使用最方便？从里奥茨基设计出最早的现代化整体厨房（见第 10、12 页）到现在，厨房的大小并没有明显的变化。

在这里，我们参考 1935 年设计的阿尔托家的厨房。艾诺 · 阿尔托作为母亲，要兼顾工作与生活，于是设计出了高效的厨房。她把厨房台面的长度设计为 2850，这也是现代厨房的标准尺寸。比较阿尔托家的厨房和现代标准厨房的剖面，我们惊奇地发现：虽然烹调方法和食物的保存方法有所改变，但厨房大小并没有明显变化（详见 MEMO）。

厨房台面与吊柜的大小都要根据人的身高和动作反复调整、试验才能得出合适的尺寸。怎样才能打造出便利的厨房呢？作为厨房设计中的一个重要标准，我们应当谨记厨房的黄金比例。

收纳空间充足的阿尔托家的厨房设计图

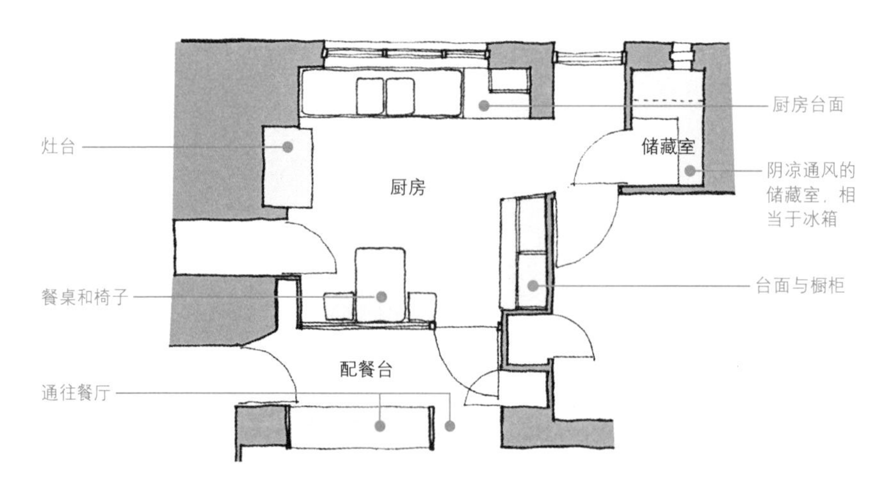

厨房的大小

阿尔托家的厨房

受法兰克福厨房影响的
高效型厨房

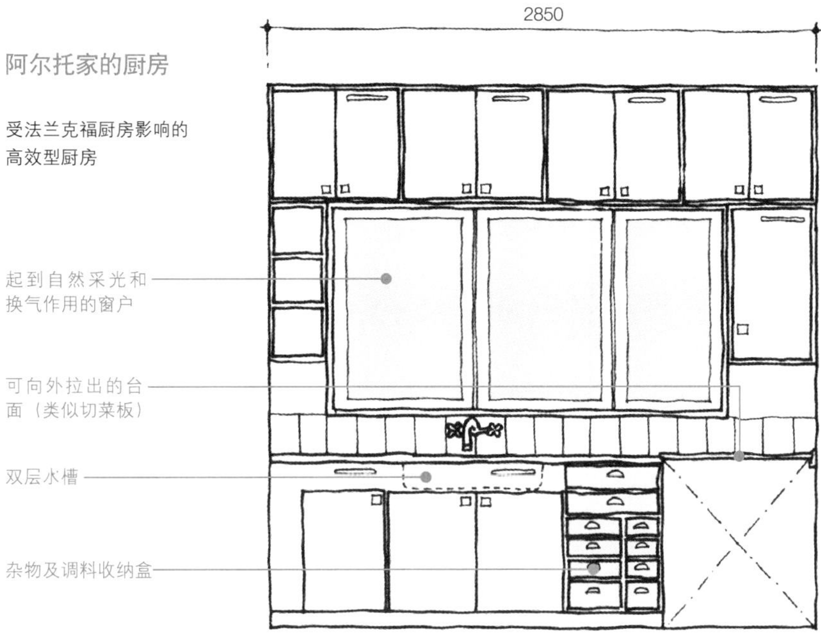

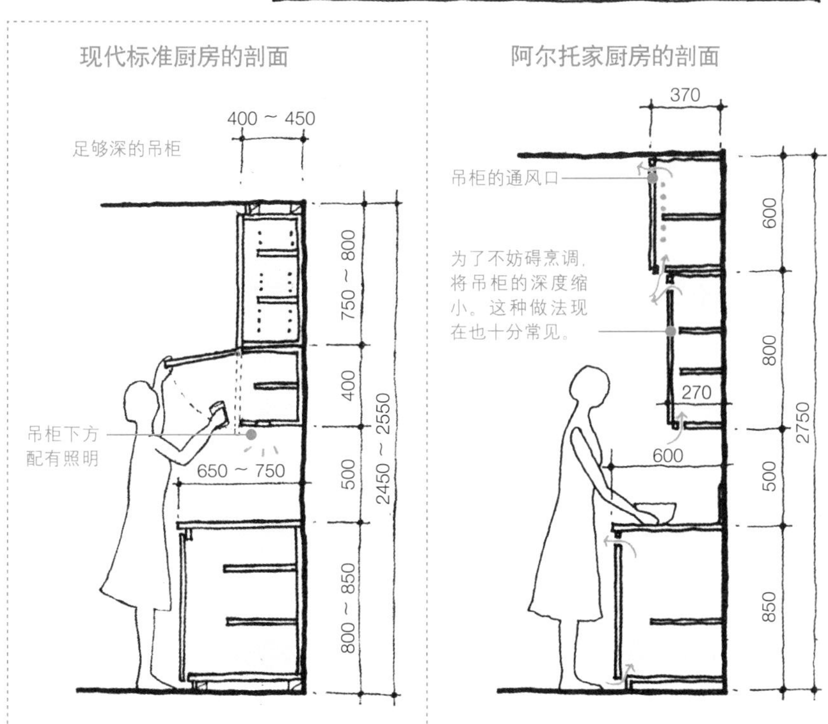

【MEMO】灶台的高度如果设计成比厨房台面低50，更容易看到锅里的情况，很方便。另外，设计时要充分考虑烹饪者的身高、是否经常穿拖鞋做饭等情况，由此决定厨房里的各种比例。

最小的住宅用厨房 / 艾诺·阿尔托

平易近人的厨房

"让所有人用起来都觉得很方便"是通用设计最基本的原则。比如，为了更容易看到开关，加大开关的尺寸，用胳膊打开都没问题；又比如，把笔设计成握起来很舒服的形状，或是用嘴甚至脚也可以衔住的形状。

在我们生活的世界中，有着不同的文化、语言、年龄和性别，尽可能创造出让大多数人用起来都觉得方便的物品，是通用设计的基本原则。随着家庭结构和生活方式的多样化，原来被称作"女人城堡"的厨房，现在丈夫、孩子、保姆用的机会也多了起来。让所有人都能够安全、方便地使用厨房，让收纳的东西一目了然……这种体现通用设计原则的厨房究竟应该是什么样的呢？

作为职业女性的阿尔托提议：为了减轻烹饪的负担，设计"坐着也能烹饪的厨房"。由于当时设备和机器的一些限制，水槽和灶台上的工作必须站起来才能完成。尽管如此，把调料和餐具摆放在坐着就可以拿到的范围内，这样切菜、调味、盛放食物等可以在同一个地方完成，大大提高了厨房的工作效率（详见 MEMO）。

现在重新审视这款专门为女性设计的厨房，会发现里面蕴含着通用设计的智慧与创意，是一款所有人用起来都很方便的厨房。

所有人都觉得方便的通用设计

坐着就可以完成切菜、调味、盛放食物的工作

艾诺·阿尔托从女性视角出发，设计了这款厨房。

受里奥茨基设计的影响，设计分类清晰并且一目了然的调料收纳，并配置在坐着就可以拿到的范围内。
➔第 10 页、12 页，法兰克福厨房

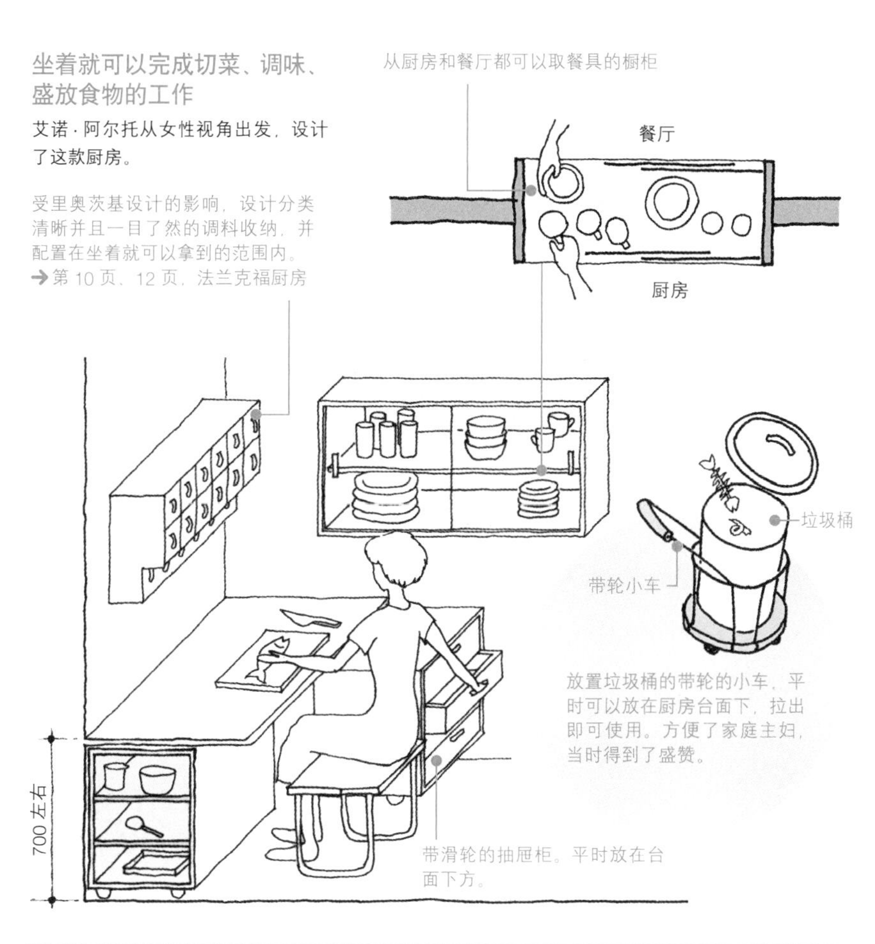

所有人用起来都很方便的厨房

如果在艾诺·阿尔托的设计中加入现代化的水槽和灶台，即使是坐轮椅的人也可以轻松地烹饪，这样的厨房所有人用起来都很方便。

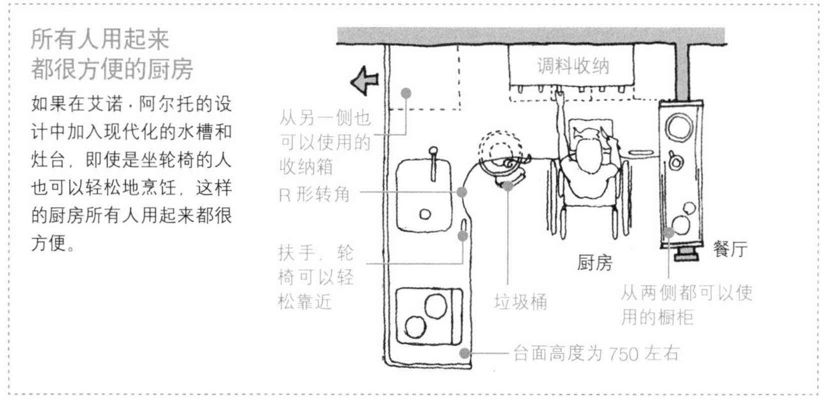

【MEMO】坐在轮椅或椅子上使用水槽时，应当在水槽下留出放进腿部的空间，并尽量把回水弯设置在碰不到膝盖的地方。水槽以浅水槽为宜。

集成式厨房的物品收纳 / 夏洛特 · 贝里安

水槽周围的物品应该放哪儿?

水槽周围常常堆满各种厨房用品。最近，洗碗机也加入了这个行列。无论是开门式洗碗机还是抽屉式洗碗机，通常都设置在水槽旁或下方。玻璃餐具不需要经常洗，所以放在餐桌附近用起来更方便。洗碗后湿漉漉的海绵放在哪里，也是令人头疼的问题。把海绵擀放在用吸盘固定的器皿里是最常规的做法，但海绵擀上的水会使吸盘的吸力减弱，也会弄脏收纳器皿。有没有更方便、更容易的方法呢？贝里安设计出与不锈钢水槽一体化的“口袋”，用来存放海绵擀、洗涤剂。又巧妙地安置了控水架，使海绵擀和洗涤剂瓶壁流下的水能够落入水槽中。这样，水槽周围就不会出现胡乱堆放物品的情况，清洁工作也随之变得简单起来。

另外，使用者也希望在水槽周围设置收纳塑料瓶和牛奶盒等可再生用品的场所。市场上有专门的收纳架，但是塑料瓶和牛奶盒要洗净晒干才能放起来，在水槽下方设置专用的收纳区域是个不错的办法。

海绵擀与洗涤剂的收纳

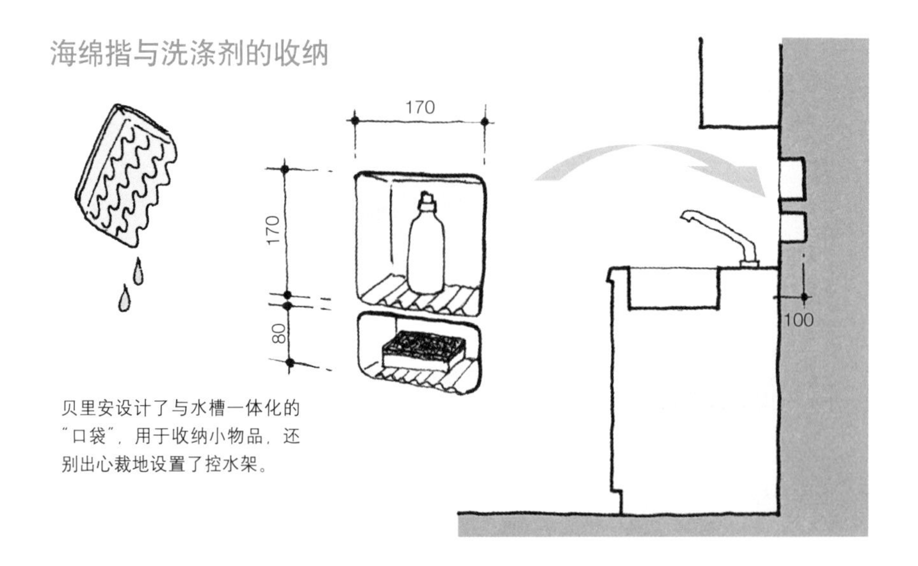

贝里安设计了与水槽一体化的“口袋”，用于收纳小物品，还别出心裁地设置了控水架。

大型物品的收纳

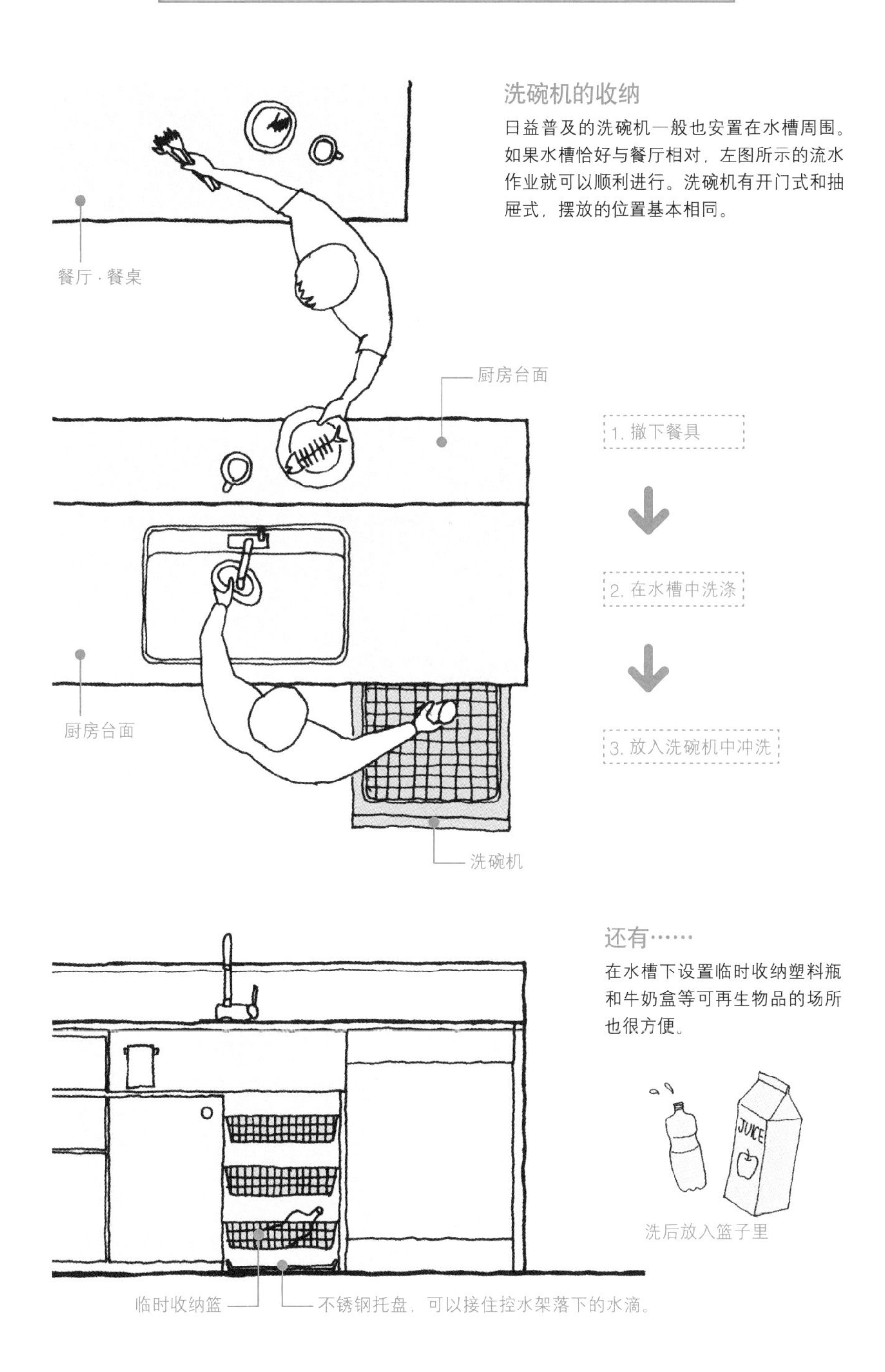

洗碗机的收纳

日益普及的洗碗机一般也安置在水槽周围。如果水槽恰好与餐厅相对，左图所示的流水作业就可以顺利进行。洗碗机有开门式和抽屉式，摆放的位置基本相同。

还有……

在水槽下设置临时收纳塑料瓶和牛奶盒等可再生物品的场所也很方便。

集成式厨房的台面 / 夏洛特·贝里安

想看到别人，却不想被别人看到的烹饪过程

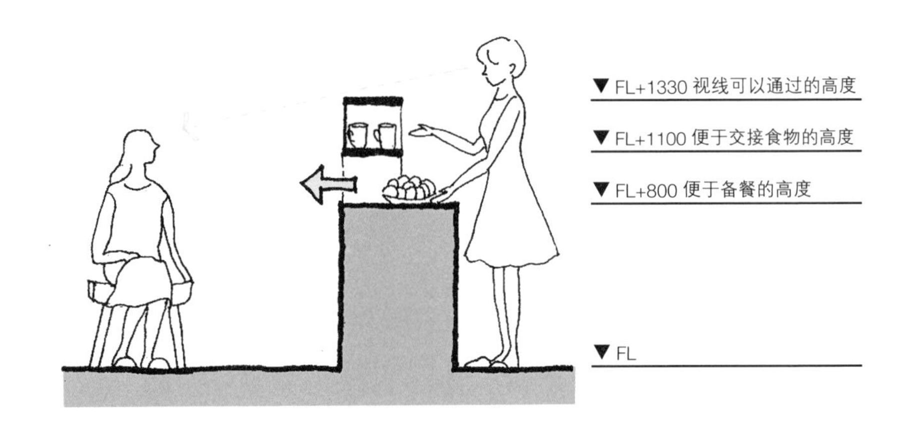

厨房与客厅、餐厅的关系很微妙。如果开放式厨房太靠近客厅，往往不容易保持整洁。即使待在客厅里，也常会产生一种被厨房包围的感觉。但如果把厨房与其他房间完全隔离，做饭的人看不到房间里的情形，又不方便备餐。于是出现了一种复杂的情况，即做饭的人希望从厨房看到客厅、餐厅等房间的情况，但又不希望其他房间的人看到厨房的备餐过程。

为了把厨房和客厅、餐厅恰到好处地隔开，贝里安设计了高度为1330的厨房台面，稍稍低于视线的高度，厨房里站着做饭的人可以看到客厅里的情形，而坐在客厅里的人能看到做饭的人，却看不到厨房里的烹饪过程。但是，这样的高度不利于客厅与厨房的人交接餐具，所以又在厨房台面的中央处设置了可以打开的窗口。

视线可以通过台面，餐具也可以轻松地交接，厨房里不想被看到的部分也挡住了，贝里安的设计简直太妙了（详见MEMO）。

半开放式厨房的设计要点

处处留意小细节的半开放式厨房

半开放式厨房多使用吊柜，它的缺点是厨房内部的情形容易被其他房间的人一览无余。为了解决这一问题，贝里安巧妙地设计了高度适当的小橱柜来遮掩不想被看到的部分。她在各种收纳的设计上也下足了功夫。

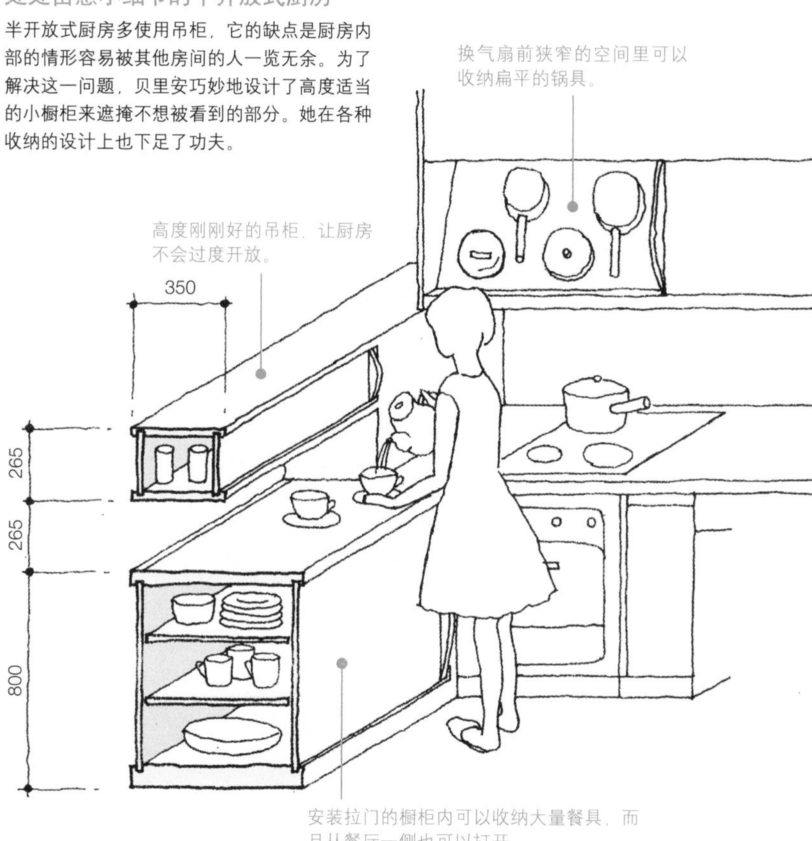

视线的绝妙控制

有时希望完全阻断来自客厅的视线，贝里安在厨房台面的上方设置高度可调整的橱柜。具体方法是在固定的吊柜上叠置箱子形状的小橱柜。

【MEMO】贝里安设计的厨房台面是不锈钢材质的，看起来不够优雅，为了更美观，台面的一部分贴了色彩绚丽的瓷砖。另外，台面也经常使用三聚氰胺板或人造大理石等材质。

单身公寓的厨房 / 莉莉 · 莱克

厨房成为客厅的主角

以前，因为用水较多，厨房往往被安排在住宅的北侧。如今，厨房已经获得了充分的权利，常常面向客厅和餐厅，占据阳光和居住性都比较好的位置。但即使是开放式厨房，由于用水和热源的关系，烹饪过程中产生气味和油烟不可避免，这就决定了厨房里的工作需要在“幕后”完成。设计住宅时，一方面，厨房的外观要和其他房间的装修风格相吻合，另一方面，扮演“幕后角色”的厨房自然有些地方不想摆到台面上展示出来，设计时要充分考虑。特别要注意的是厨房里的换气设备（详见 MEMO）。另外，如何妥善处理弄脏的餐具和厨房垃圾等不希望被看到的东西，也是设计厨房时应当重点考虑的问题。

莉莉 · 莱克设计的这个厨房位于客厅的中央，她在设计时花了很多心思，使厨房在不用的时候不会被人看到。通过打开或关闭百叶窗拉门，可以自由地控制厨房的“使用”和“隐藏”状态。这款看起来像家具的厨房，宽度仅为 2 米，却有烹饪、用餐、收纳功能，也可以当作餐厅。这样的构造是巧妙利用狭窄空间的范例。

位于客厅中央的厨房

可以隐藏起来的厨房

门口

客厅 · 餐厅

面对客厅、餐厅的开放式厨房面临着要随时保持整洁的压力。基于这种考虑，莱克设计了可以隐藏的厨房。

烹饪、用餐、收纳三合一隐藏式厨房

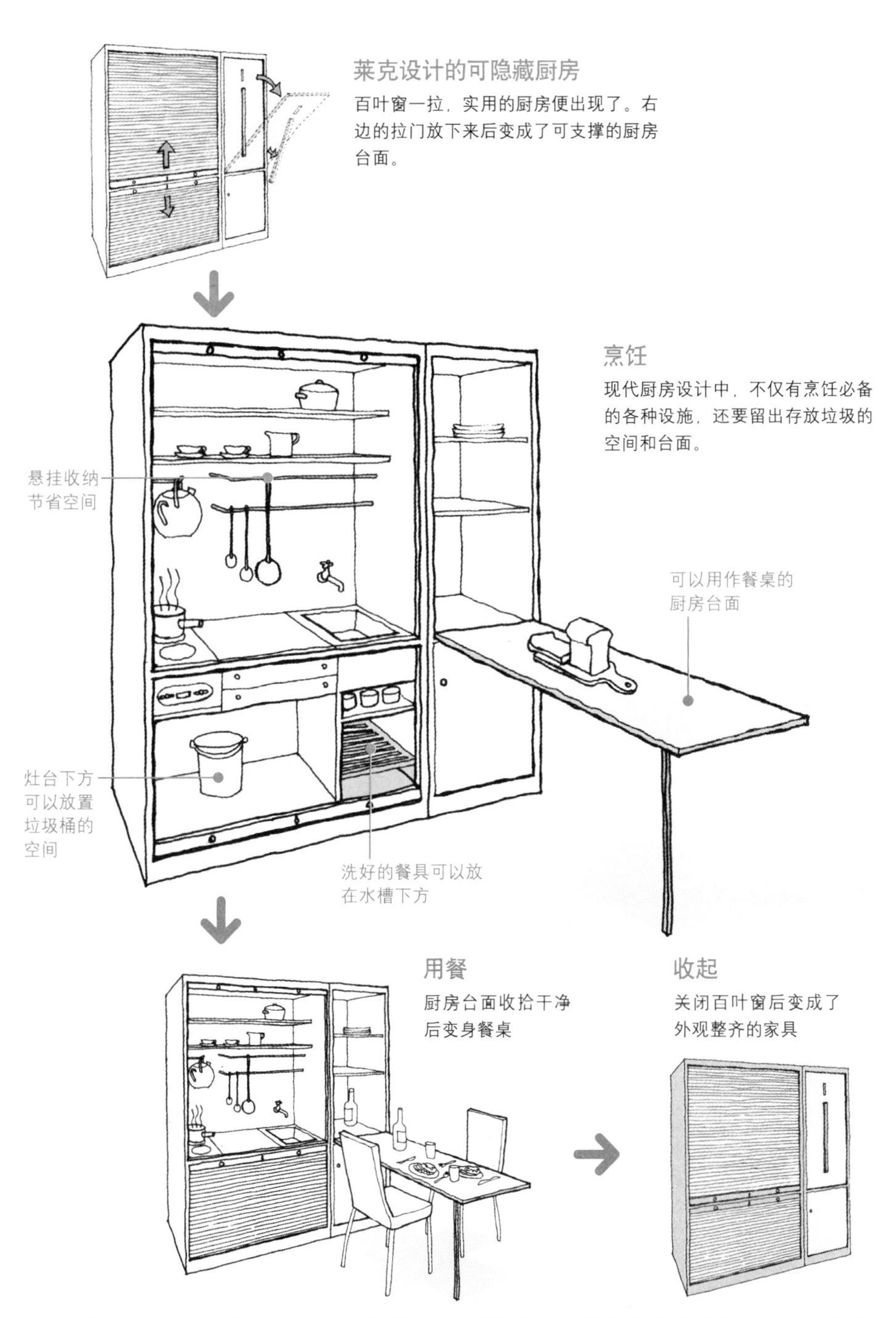

【MEMO】选择厨房的换气扇，不仅要考虑换气量，还要确认空气流通的排气导管、给气孔的阻力值（静压）等因素。另外，抽油烟机离灶台近可以提高工作效率，在满足距离火源800以上的条件下，尽量设置在离火源近的地方。

撒哈拉厨房 / 夏洛特 · 贝里安

展现烹饪魅力的岛型厨房

岛型厨房是一种颇具人气的厨房。但因其开放的构造，想兼顾外观与使用的便利性非常困难。厨房里要用水、火，而且会产生噪音和异味，很多地方不想被人看到。在开放的岛型厨房里，油烟被换气扇吸入之前很容易扩散，需要特别注意（详见 MEMO）。

贝里安为撒哈拉沙漠油田开发人员设计了 L 型厨房。撒哈拉沙漠里的住宅外壁很薄，不得不把各种功能汇聚在房间的中央。可是，四处扩散的油烟该如何解决呢？贝里安参考了日本天妇罗料理店的设计方案。也就是说，在炉灶和厨房台面的中间设置防止喷溅的“矮墙”，把油烟引向换气扇。

除此之外，从天妇罗料理店引入的另一个创意是，隔着柜台台面可以看到烹调的过程，并享受其中的乐趣。这是岛型厨房与柜台式餐台相结合才有的优点。

天妇罗料理店的柜台

用餐的人可以看到厨师，却看不到厨师手上的工作。炸天妇罗的时候，油珠也不会溅到客人的餐台上。

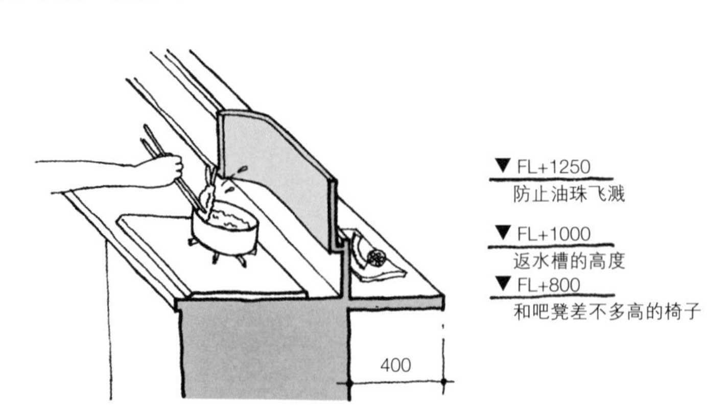

从撒哈拉厨房学到的“隐藏”创意

把厨房划分成小空间

把兼具家务功能的 L 岛型厨房设置在房间的中央，就可以在 17.5 叠榻榻米大小的空间内创造出可供 10 人用餐的宽敞餐厅、可以准备饭菜的厨房和洗衣服的区域。

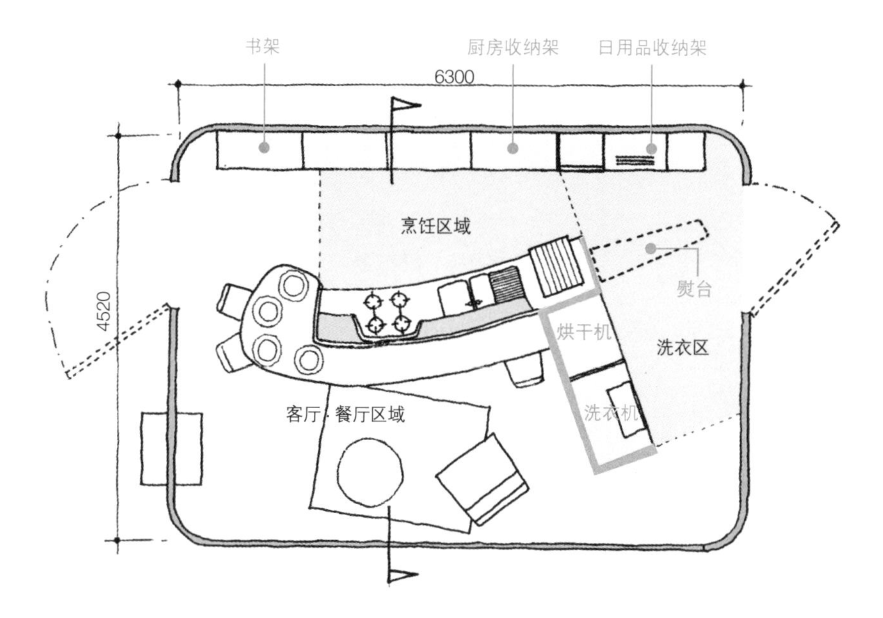

从剖面图可以看出岛型厨房的创意

从布局和尺寸上，很容易看出设计者的良苦用心。

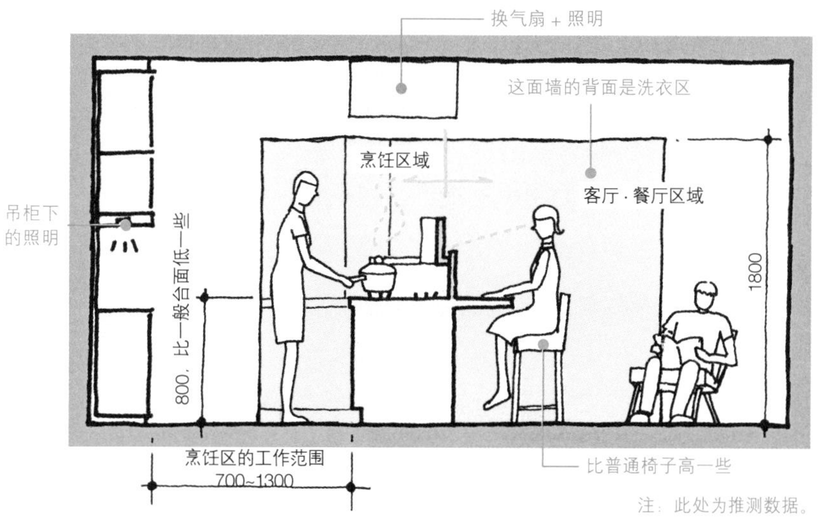

注：此处为推测数据。

【MEMO】岛型厨房四面开放，为了获得与普通厨房相同的吸油烟效率，要将岛型厨房抽油烟机的转速提高20%。另外，选择比炉灶尺寸大的抽油烟机也可以提高吸油烟效率。

COLUMN

1 历经波折的不屈精神

玛格丽特·里奥茨基

相关作品

第10、12页

坚持女性解放信念

玛格丽特·里奥茨基设计的法兰克福厨房作为恩斯特·梅主持设计的住宅区的一部分，4年间被一万多住户采用。她主张把女性从繁琐的家务中解放出来，在这种信念基础上，她的设计使厨房彻底地向效率化、合理化发展。当时仅30岁的里奥茨基得到了媒体的盛赞，这也是她职业生涯的顶峰。

但是，她坚持的女性解放信念却使她走上了艰难的人生道路。里奥茨基经过苏联到土耳其工作，参加了抵抗纳粹党的政治运动。在执行奥地利共产党的任务时被捕，后被收监在臭名昭著的弗里德贝格女子监狱。面临随时可能死亡的恐惧，她在狱中度过了4年的时间。

战后，里奥茨基返回祖国奥地利，却受尽冷落，由于以往的经历，她无法参加公共事业性质的工作。尽管吃尽苦头，她仍然执著地投身于“为女性和儿童”设计的建筑事业中。后来，里奥茨基波澜壮阔的人生经历被搬上了舞台。

建筑设计术语集

恩斯特·梅

德国城市规划师。除了法兰克福住宅区之外，前苏联城市规划也是他的重要成就之一。

住宅区

第一次世界大战之后德国有计划地建设的住宅区，由公寓和独幢楼房构成。原义在德语里是"集群"的意思。

COLUMN
2 贤妻良母与建筑设计师——内心的挣扎

艾诺·阿尔托

相关作品

参见第14、16、38、40、66、70、76、78、84、132页

联名发表大量作品，展现了夫妻深厚的感情

在艾诺·阿尔托的有生之年，阿尔托夫妇一直联名发表作品。艾诺·阿尔托是阿尔瓦·阿尔托建筑事务所早期的工作人员。直到54岁逝世，她如影随形地陪伴在丈夫身边，对热情投身于建筑事业的丈夫予以支持。但她不仅仅是顺从丈夫，而是有很强的独立意识。在个人参加的设计大赛中，她曾经有单独获奖的经历（见第38页）。

正因如此，她更能理解阿尔瓦·阿尔托罕见的才华。既要表现自我，又要辅佐丈夫，艾诺·阿尔托内心怀抱着两种看似矛盾的信念。在这种信念的驱使下，她逐渐把精力投入到家具品牌阿太克（Artek）的运营中，并把工作重心转移到家具设计上，她的设计才能也得到了充分发挥。她从学生时代开始就对儿童家具和室内设计有着浓厚的兴趣，这一时期，她对该方面的设计投入了极大的热情。

阿尔瓦·阿尔托会把自己的作品逐一拿给妻子看，并征求意见。虽然夫妇二人在建筑领域的分工不同，但是阿尔托的建筑作品都可以说是夫妻共同努力的结晶。

建筑设计术语集

阿尔瓦·阿尔托
芬兰建筑家。代表作品有帕伊米奥结核病疗养院和玛利亚别墅等，他还致力于家具和日用品的设计。

阿太克
阿尔托夫妇与友人于1935年共同创立的倡导现代主义生活理念的家具品牌。

基本要点

用餐人数决定餐桌的位置

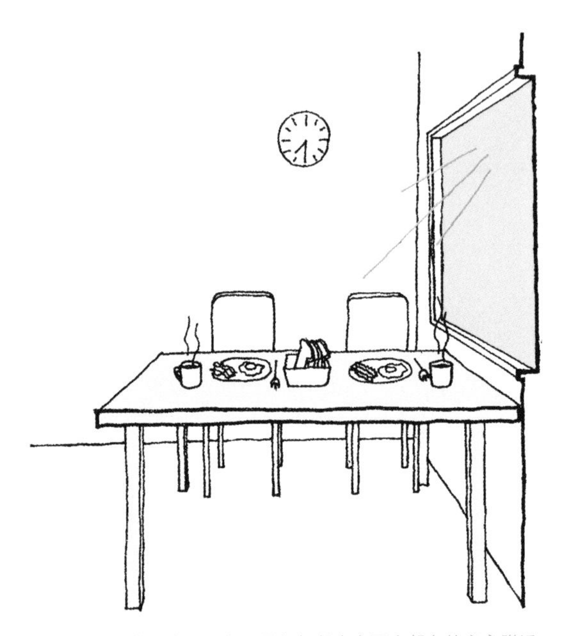

想沐浴着朝阳享用早餐，最好把餐桌安置在朝东的窗户附近。

餐桌尽可能摆放在朝东的窗户附近。这样，吃早餐时，透过窗户射进室内的阳光能够促进大脑内部激素的分泌，唤醒我们的身体。

餐桌是供家庭成员用餐的，但考虑到有客人的情况，有必要设置多于家庭成员数的席位。餐桌究竟可以坐多少人呢？如果是长方形的餐桌，应当面向长方形较长的一条边就坐，相邻餐椅的间隔至少要空出600毫米。如果餐桌短边也坐人的话又可以增加两个席位。要注意的是，如果长方形餐桌的宽度过小，用餐的空间也会显得非常狭窄。如果是圆形餐桌，席位的数量是固定的，无法增加；如果是把食物分盛到小碗里的料理，椅子的间隔窄一些也不会碰到邻座用餐者的胳膊，可以适当增加餐桌的席位。

用餐人数决定餐桌大小

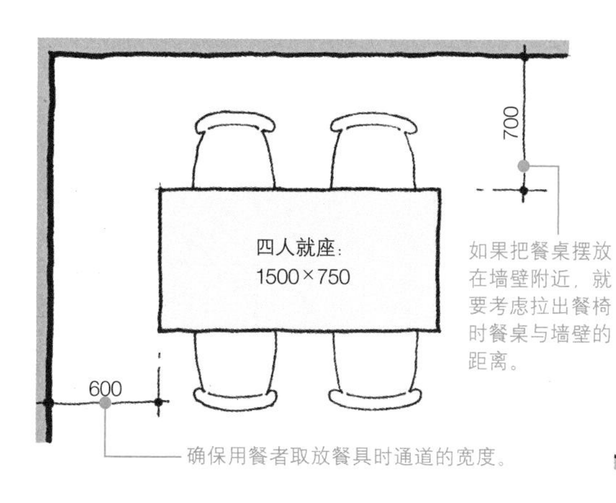

标准的四人座餐桌

长边各坐两人的餐桌。如果长边有1200以上就可以容纳四人就座，但餐桌腿容易与用餐者的腿脚碰撞，建议选择桌腿在中央的餐桌。

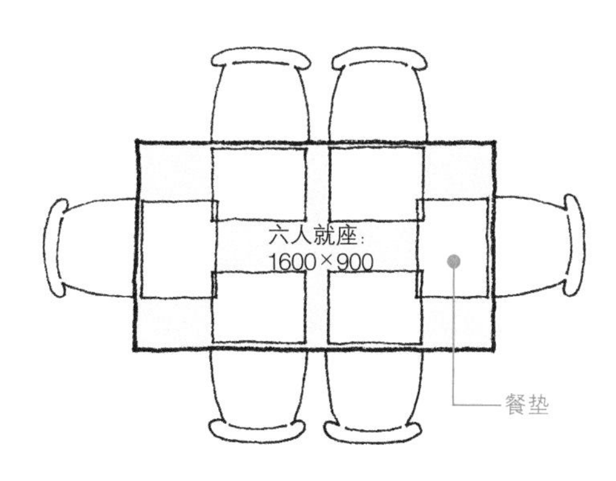

生日聚会等情况

在餐桌上摆放餐垫，就可以知道用餐的空间是否充分。餐垫的大小一般是420×320。如果餐桌的短边也要摆放餐垫，长边至少要1600。

圆形餐桌的就餐人数由菜单决定

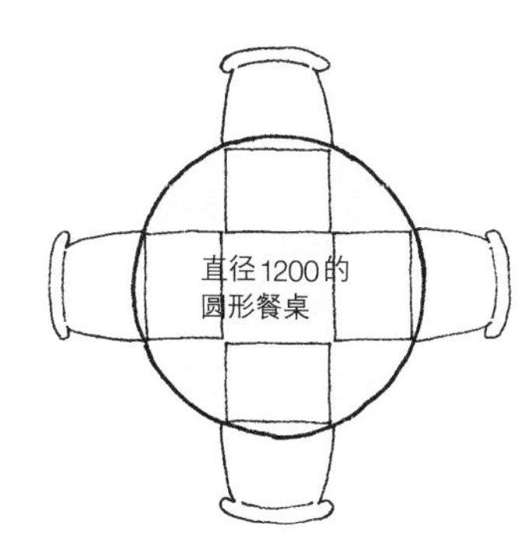

如果是西餐，最多可供四人用餐。

如果是比萨、火锅等可以把食物分盛到小碗里的料理，坐六个人也没问题（详见MEMO）。

【MEMO】圆形餐桌如果直径过大，不利于夹取餐桌中央的食物。这时就要用旋转托盘。不用旋转托盘的情况下，圆桌的直径不能超过1400毫米。

没有棱角、也不成方圆的餐桌

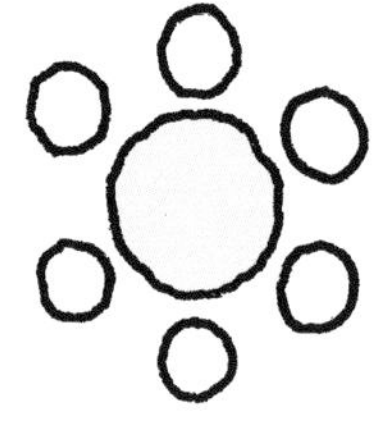

圆形餐桌的特点是可以有效地利用房间的角落。任何房间都可以放圆桌，但不能拉至紧贴墙壁的位置。

最常见的长方形餐桌会给人一种整洁利落的印象。

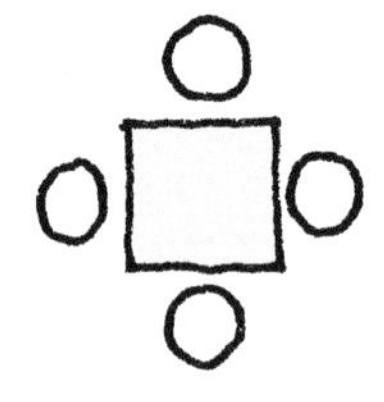

正方形餐桌不能太大，最多只能满足四人用餐的需求。适用于比较狭窄的房间。

餐桌形状不仅会影响餐厅的风格，对用餐者之间的关系也有重要影响。比如，一般的长方形餐桌，如果把四个棱角去掉，就能营造出一种柔和的氛围。如果是圆形餐桌，用餐时可以看到所有用餐者，方便大家畅快地交谈，气氛很容易变得热烈。圆形餐桌如果尺寸较大，应当在中央设置旋转托盘（见第 29 页）。

桌腿数目和位置是影响餐桌便利性的重要因素。一般的餐桌都是把桌腿设置在四个角。如果在餐桌的中央处设置两个桌腿，就可以随心所欲地摆放餐椅，不必担心餐椅会与桌腿发生碰撞（详见 MEMO）。

日常生活中，餐桌的形状千变万化。贝里安根据房间的实际情况设计出自由形态的大餐桌。这种餐桌放在独居者的小户型房间里，乍一看好像太大了，但如果有几位朋友同时来家里玩就会显示出优势，能够提供充足的空间，即使有人在餐桌的一侧用餐，也不会影响另一侧的人。另外，独处的时候，这种宽大、自由的形状有助于缓解独居者的寂寞感。

个性化的餐桌使房间别具一格

在小空间里安放大餐桌

贝里安在狭窄、低矮的房间里配置了大餐桌。形状不规则的厚桌面与三条桌腿的设计充满了个性。

这种形状不规则的餐桌让人丝毫不受位置的约束，可以自由落座。

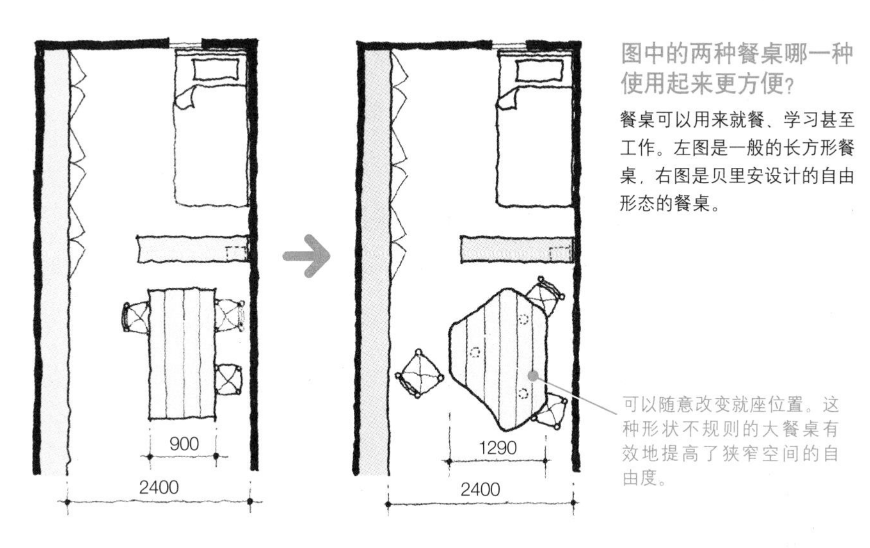

图中的两种餐桌哪一种使用起来更方便？

餐桌可以用来就餐、学习甚至工作。左图是一般的长方形餐桌，右图是贝里安设计的自由形态的餐桌。

可以随意改变就座位置。这种形状不规则的大餐桌有效地提高了狭窄空间的自由度。

【MEMO】四条腿的餐桌虽然有良好的稳定性，但餐椅容易与桌腿发生碰撞。某些不规则的桌面形状如果安置三条桌腿缺乏安定性。桌腿在桌面中央的餐桌，可以轻松地拉出或推回椅子。

High & Low Table / 艾琳 · 格瑞

可以翻转的餐桌

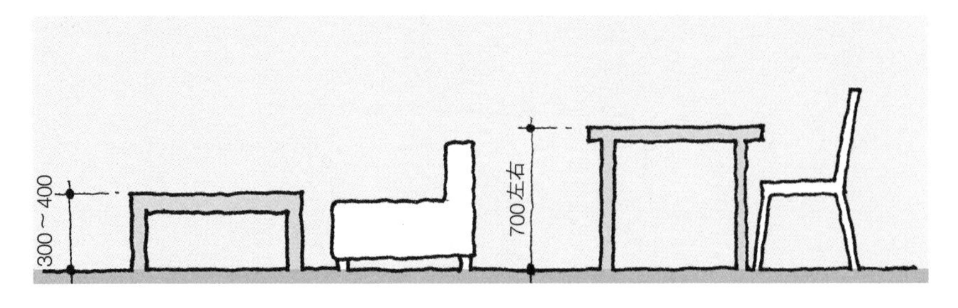

桌子的高度随着椅子的高度和实际用途而改变。

人们通常根据用途和环境，选择高度不同的椅子（见第 90 页）。因此，桌子的高度也要根据椅子的高度和环境调整。但是，为了满足不同条件下对桌子的需求，在有限的空间内摆放多张桌子又十分困难……如果可以自由地调整桌子高度以满足不同用途的需求，就会带来极大的便利。

艾琳 · 格瑞设计出供客厅和餐厅两用的桌子。乍一看，这是一款由桌面与铁管桌腿构成的普通餐桌。但如果翻转桌面，再把餐桌的框架横着放倒，就轻而易举地变身为可供客厅使用的高度 400 的茶几。格瑞在桌面制作上也煞费苦心，动了很多脑筋，在餐厅用桌面一侧覆盖了既防滑又能够降低噪音的软木（详见 MEMO）。又在客厅用桌面一侧覆盖了一层薄薄的铅板，这种材质让桌子在室外使用起来也十分方便。

通过调整高度、变换桌面材质，同一张桌子成功地演绎了两种截然不同的角色。

一张扮演双重角色的餐桌

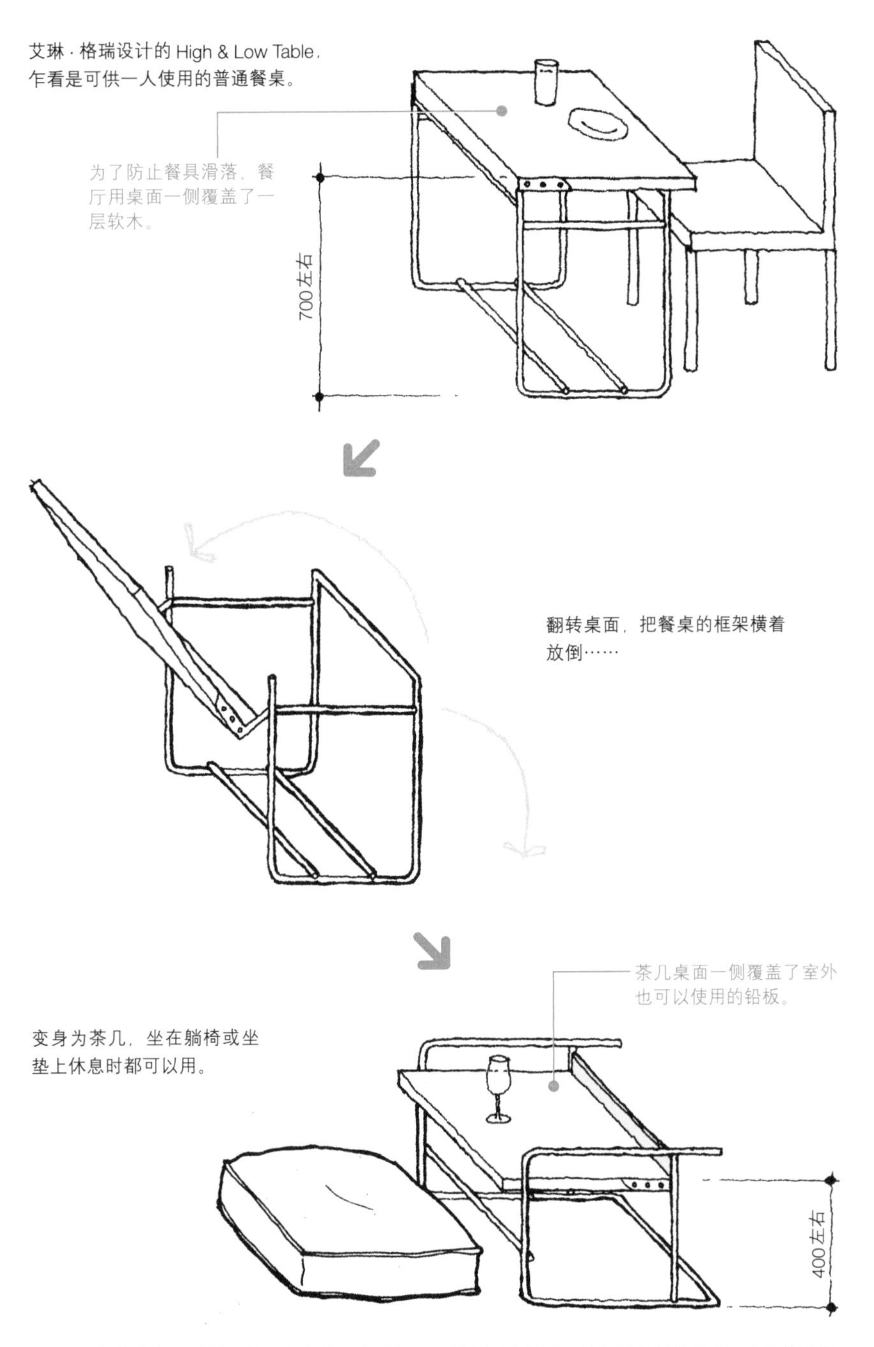

【MEMO】软木有优越的隔热、吸音和隔音效果，又具有缓冲作用，特别适合用作老人和小孩的床板。考虑到清洁的便利性，推荐使用强化聚氨酯或陶瓷代替质感较好的黄蜡来加工表面。

Ospite / 夏洛特 · 贝里安

伸缩的是房间，还是家具？

一个房间的面积由房间的用途、使用房间的人数决定。日式房间的优点在于可以根据实际需要来控制空间的大小。人少时，六叠榻榻米的空间就足够，人多时，可以把纸拉门拆除，获得宽敞的空间。

但是，大多数房间的可利用空间大小是固定的。这种情况下，我们应当怎么办？可以逆向思维，即通过控制家具来满足各种情况下对使用面积的需求。延伸式餐桌是可伸缩家具的代表作。在面积有限的房间里，我们没有必要摆放大餐桌，但可以设置能够伸展的餐桌。

一般的延伸式餐桌不能根据实际情况“阶梯式”伸展，而且伸缩时的操作也非常复杂。贝里安设计的 Ospite 餐桌，只要在餐桌一侧轻轻一拉，就可以在 1750 ~ 3000 的范围内自由缩放。这种能够伸缩的特性，使 Ospite 餐桌不仅可以作为餐桌，还有各种各样的用途。

日式房间是方便的可伸缩房间

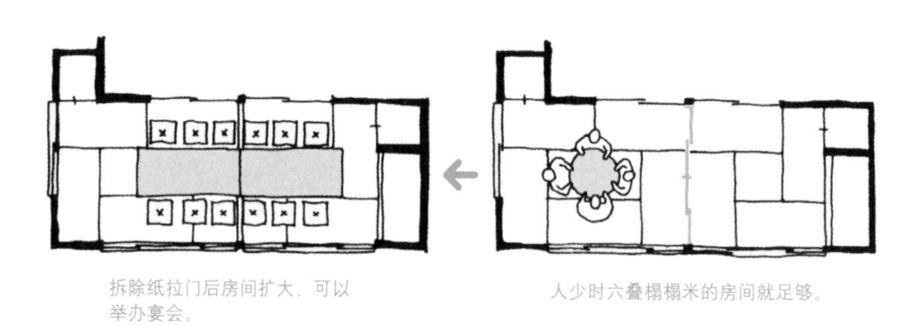

拆除纸拉门后房间扩大，可以举办宴会。

人少时六叠榻榻米的房间就足够。

利用延伸式餐桌实现空间的伸缩

贝里安设计的延伸式餐桌，可以自由地伸缩桌面，而且可以把桌面收入餐桌一侧的箱内。与一般延伸式餐桌不同的是，长度在一定范围内能够精确地调节。

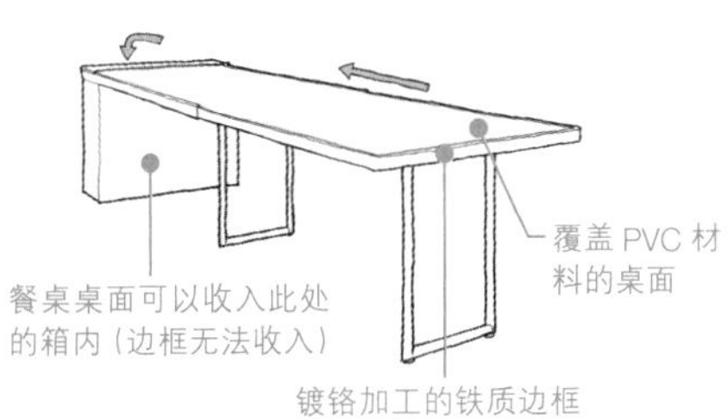

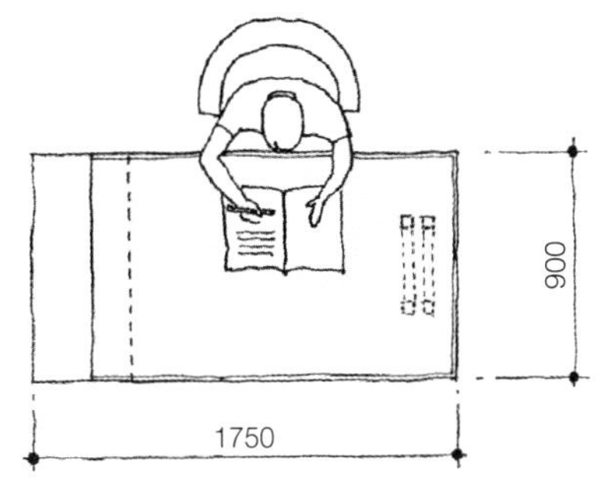

左图展示的是最小尺寸。餐桌一侧有用来收纳伸缩桌面的箱子，实际上可以落座的范围会小一些，也可以当作较大的办公桌使用。

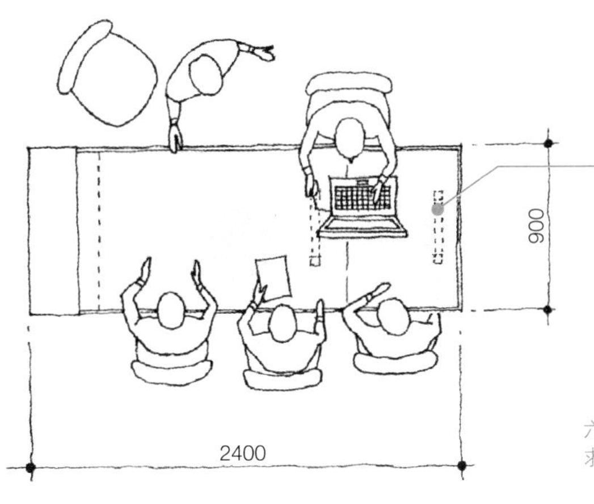

六人使用时，2400 的长度就能满足要求。再拉长，可以当做会议桌。

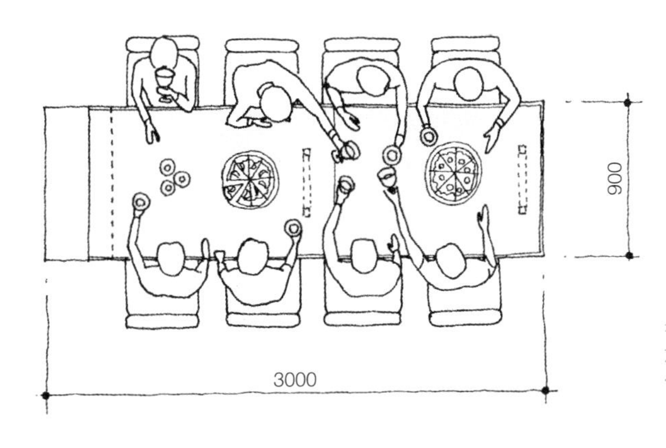

摇身一变成为可供八人就座的餐桌。这是可以伸展的最大尺寸。

LC7 / 勒 · 柯布西耶、吉纳瑞特、夏洛特 · 贝里安

旋转餐椅

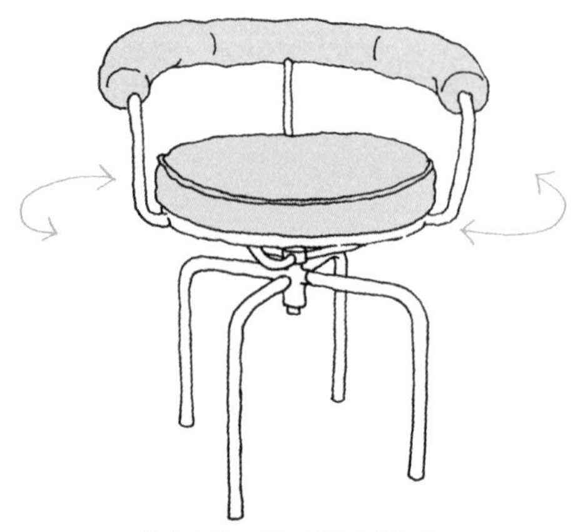

像办公椅一样可以转动的餐椅

餐椅通常无法转动。一般情况下，出于礼节，为了让就餐者面向食物规规矩矩用餐而设计成无法转动的形式。但是，在现实生活中，我们真的是一动不动地面向自己跟前的食物用餐吗？经常会和坐在沙发上的人说话，转身取东西，或者一会儿站起来一会儿又坐下，大多数情况下我们并不是一动不动地坐在椅子上。

旋转餐椅让我们在使用普通餐椅时不方便的一系列活动变得轻松起来。这个创意来源于旋转办公椅，办公室里的日常事务需要我们经常伸手去接听电话、或者转身整理架子上的文件，不得不来回移动。为了满足这些需要，旋转式办公椅应运而生。通过椅子腿上的滑轮，坐在办公椅上就可以轻松移动。

旋转餐椅让坐在椅子上的人可以自由地活动。加上餐椅本身不需要搬来搬去，在狭窄空间里也很合适。

让活动更自由的椅子

让椅子在小空间里自由旋转，穿梭自如

为了使用餐者能够面向食物规规矩矩用餐，餐椅被设计成无法转动的形式，用餐者活动起来很不方便。旋转餐椅让人们可以轻松移动。

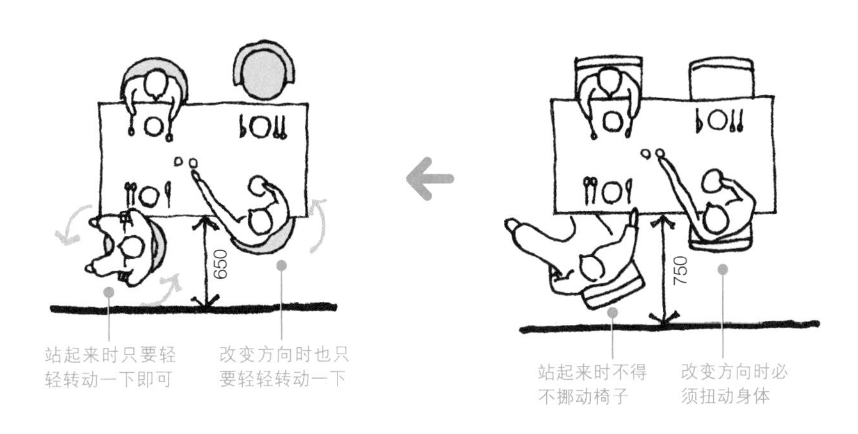

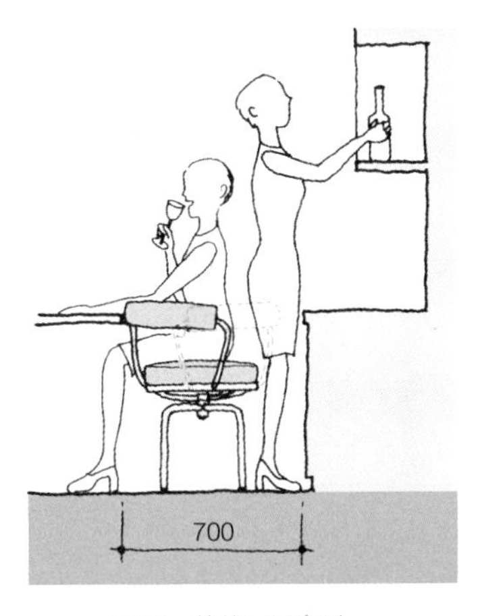

向后一转就可以拿到后面的东西

没有椅背的餐椅是否更自由？

LC7 有宽大舒适的椅背，但是这样的椅背占用一定的空间。没有椅背的餐椅更轻便，也更节省空间。

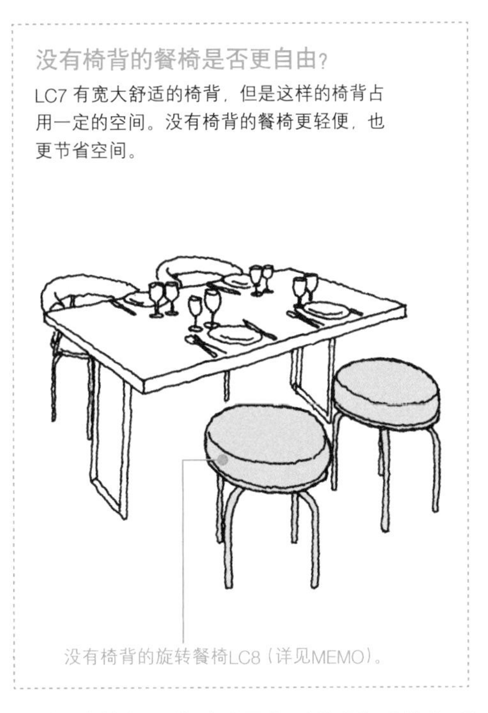

没有椅背的旋转餐椅LC8（详见MEMO）。

【MEMO】LC是勒·柯布西耶设计的家具系列。其中大多数产品是勒·柯布西耶、吉纳瑞特、夏洛特·贝里安三人共同设计的。

Bolgeblick / 艾诺·阿尔托

波纹摇曳的水波纹玻璃杯

水波纹玻璃杯几乎是艾诺·阿尔托的代名词。在 1932 年的玻璃制品设计大赛中，艾诺·阿尔托凭借自己设计的水波纹玻璃杯获奖。她的丈夫阿尔瓦·阿尔托也参加了这次设计大赛，但只有艾诺·阿尔托获奖。此后，艾诺·阿尔托设计的水波纹玻璃杯在众多玻璃餐具中保持着经久不衰的人气，各种水波纹玻璃制品也大量生产出来。现在，芬兰的伊塔拉（Iittala）公司仍旧出售两种型号的水波纹玻璃杯、水罐和盘子以及三种型号的水波纹玻璃碗。

艾诺·阿尔托的设计将玻璃的强度和美感充分表现了出来，最初被称作“Bolgeblick”，原意是石头扔进湖水后泛起的涟漪。把玻璃杯外壁设计成水波纹，如同把小石子投向水面时泛起的波纹，在阳光的照耀下，显得更加漂亮。

水波纹玻璃杯除了透明款式之外，还有蓝色、绿色、灰色等。倒入的饮料颜色不同，玻璃杯的表情也随之变化，人们尽情地享受这种变化带来的乐趣。如果在玻璃杯中点上蜡烛，或者在杯中装满水让蜡烛漂浮着，再放一些花瓣，蜡烛的火焰与玻璃杯交相辉映，更衬托出玻璃杯的精美。

各种各样的变化

早期的设计有大碗，加盖容器等。

兼顾实用与美观

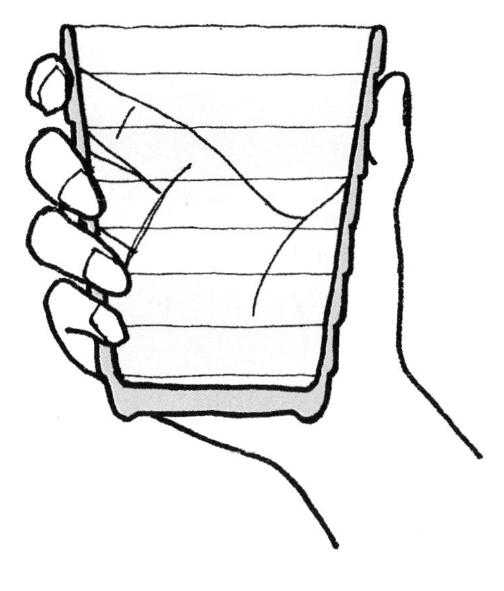

便于手握的杯体

水波纹的设计不仅呈现美感，还具有实用性。肋拱状的外壁可以增加玻璃的强度。这些“肋拱”又恰好可以卡在手指上，比一般外壁光滑的玻璃杯更容易握住，不容易从手中滑落。分为 113 毫米与 90 毫米两种。

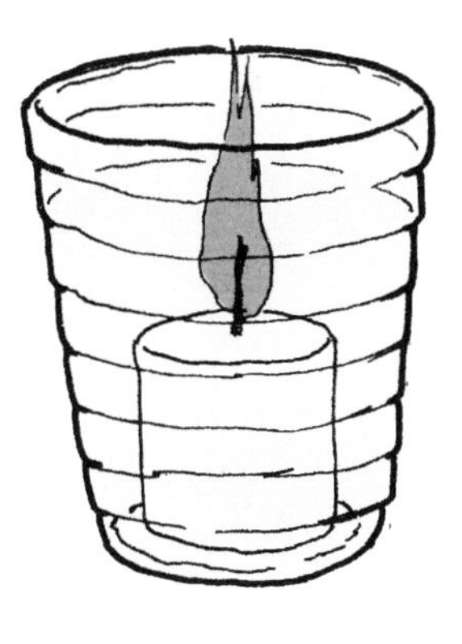

光线更能彰显玻璃的魅力

为了凸显水波纹玻璃杯的美感，建议通过光线来映衬玻璃杯。比如说，在玻璃杯中放入燃烧的蜡烛，或者把玻璃杯放在灯光附近。另外，水波纹玻璃碗中可以装满水，让蜡烛漂浮在上面。

吊灯 / 艾诺 · 阿尔托

促进食欲的照明

颜色和光线都是影响人们食欲的因素。那么，餐厅适合用什么样的照明设备呢？使用光源集中照射餐桌、又不会让整个房间过分明亮的暖色系照明往往有很好的效果（详见 MEMO）。

吊灯，顾名思义，就是从天花板向下吊挂的灯具。因为能从近处照物体，非常适合用作餐厅的照明，并且有助于营造出一种令人愉悦的气氛。只开吊灯感觉房间不够明亮的时候，可以将吊灯与间接照明并用，以改善餐厅氛围。

艾诺 · 阿尔托在玛利亚别墅的餐厅里也使用了吊灯。餐桌是可供十人就餐的长方形餐桌，如果是一般的灯具，需要安装好几个照明才能满足需求。艾诺 · 阿尔托在普通吊灯的基础上，别出心裁地设计出可以横向拉动的吊灯。看似简洁，却让我们感受到艾诺 · 阿尔托对于大家聚集在同一灯光下用餐的期望。

设置吊灯的基本原则

吊灯是向下垂挂的灯具，即使是从较高的天花板或坡度较大的天花板上垂下来，也很容易更换灯泡或维修。吊灯设置在人站立时不会碰到头的 2000 毫米左右比较合适。另外，要尽量选择抬头仰视时，光源不会伤害眼睛的灯具。

吊灯高度最好不要超过 3000（可以踩在梯凳上更换灯泡的高度）。如果超过这个高度，就要安装电动升降装置来维修灯具。

餐厅照明的设计要点

不仅为用餐者提供照明，还能把面容映衬得美丽动人。

在餐厅里使用吊灯时，如果设置在距离桌面700左右的位置，可以把用餐者的面容照耀得美丽动人。需要注意的是，要选择光源不会直射眼睛，也不会造成眩晕感的灯具。

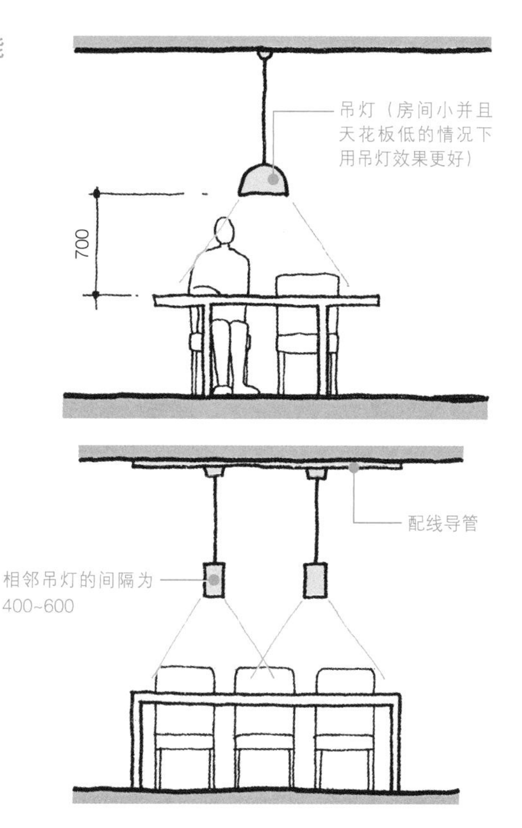

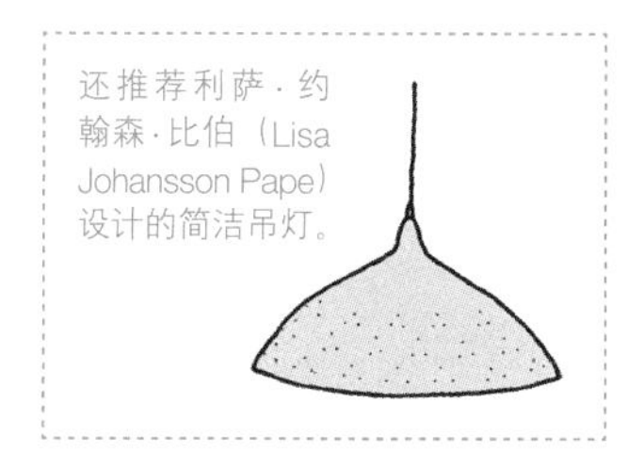

使用延伸式餐桌时，可以通过安装配线导管、增设吊灯的方法来满足照明需要。另外，安装多盏吊灯时要保证间隔可以自由调整。

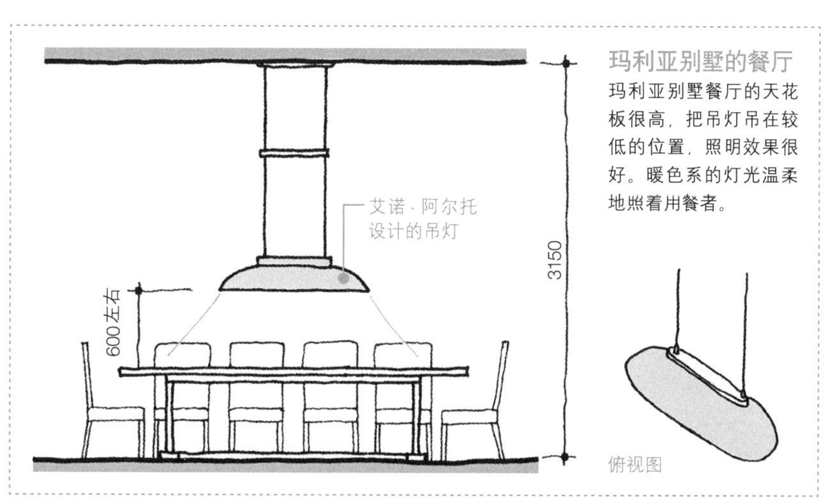

玛利亚别墅的餐厅

玛利亚别墅餐厅的天花板很高，把吊灯吊在较低的位置，照明效果很好。暖色系的灯光温柔地照着用餐者。

【MEMO】暖色系照明能营造轻松愉快的用餐氛围。光源可以选择荧光灯、发光二极管灯泡、白炽灯等。

餐桌的助手

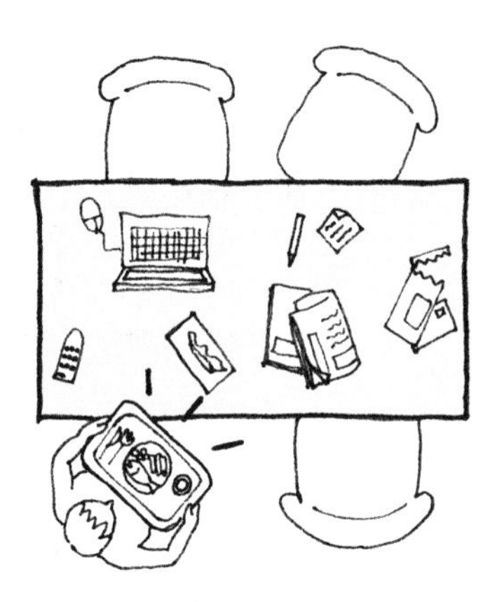

餐桌上总是堆着各种东西。

餐桌通常是家庭成员聚集的场所，很容易不经意间堆满报纸、笔记本、信件等物品。人们总是期望餐桌上不会堆积这些杂物，于是设置临时收纳场所就显得十分必要。餐具柜在这种需求下应运而生。

也许很多人认为餐具柜仅仅是收纳餐具的橱柜。餐具柜设计成和餐桌差不多的高度，最初只是作为餐桌的延伸，摆放分盛的食物，不过这一作用并没有得到充分发挥。如今，餐桌不只是用餐时才派上用场，餐具柜是不是也应该以一种崭新的姿态重新登场呢？餐具柜一般都具有柜台样式的外形，用来临时收纳日用品，也十分方便。抽屉里除了餐具之外，还可以适当地存放一些文具。

借助餐具柜这个好帮手，可以让餐桌变得整洁利落，在这样的餐桌上用餐，心情自然非常愉悦。

有效利用餐具柜

普通的餐具柜

餐具柜可以代替餐桌临时收纳一些日用品，餐桌因不再堆满各种琐碎的物品而变得整洁。

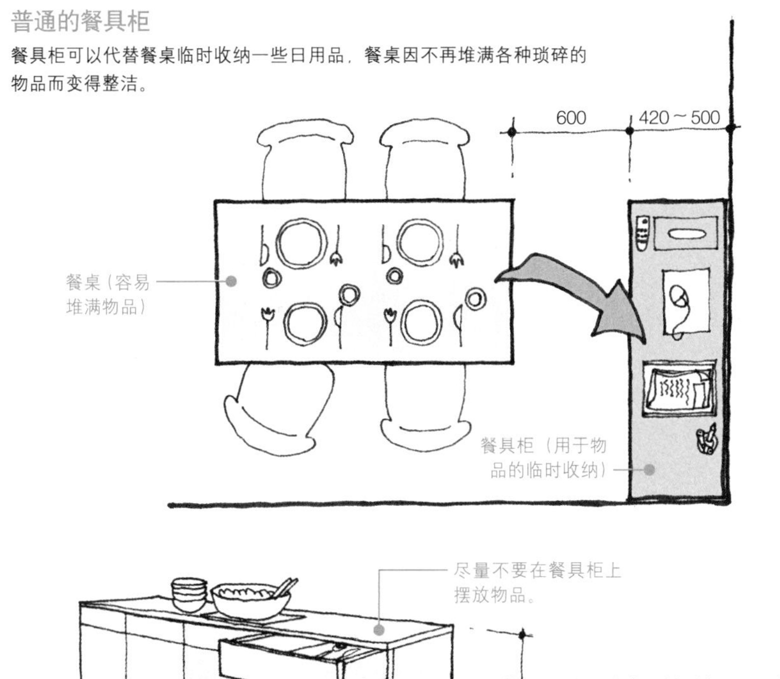

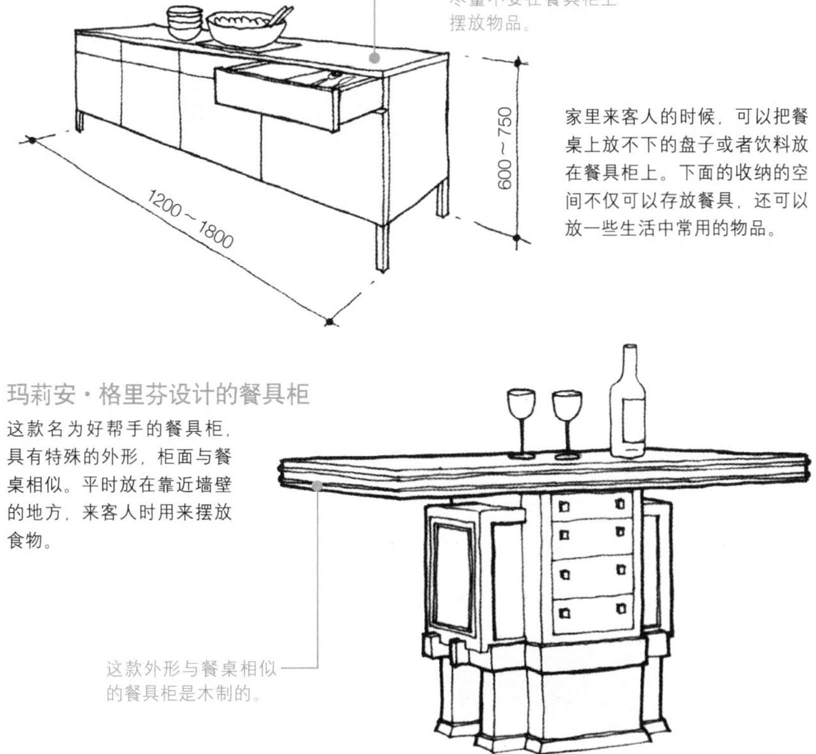

家里来客人的时候，可以把餐桌上放不下的盘子或者饮料放在餐具柜上。下面的收纳的空间不仅可以存放餐具，还可以放一些生活中常用的物品。

玛莉安·格里芬设计的餐具柜

这款名为好帮手的餐具柜，具有特殊的外形，柜面与餐桌相似。平时放在靠近墙壁的地方，来客人时用来摆放食物。

影子餐椅 / 夏洛特 · 贝里安

像影子一样悄然存在

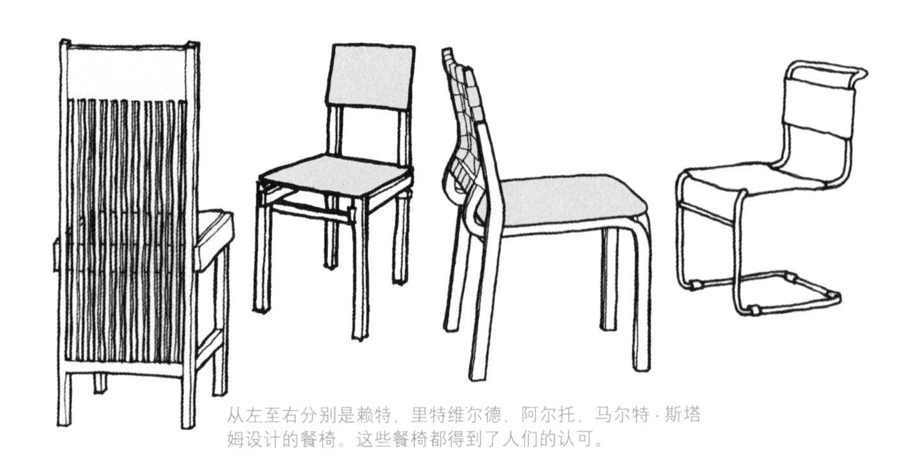

从左至右分别是赖特、里特维尔德、阿尔托、马尔特 · 斯塔姆设计的餐椅。这些餐椅都得到了人们的认可。

餐椅有各种款式。正如图中这些出自名家之手的餐椅，设计都很精美。但是当我们使用这些餐椅的时候会发现，过于美观的设计往往会抢走餐厅主角——餐桌的风头，华丽的餐椅容易给人喧宾夺主的感觉。

贝里安从日本的木偶净琉璃中的“黑子”角色中吸取了创作灵感。“黑子”这种实际上存在，却被当成不存在的抽象角色让贝里安深受感染，据此设计出如同影子般悄然存在的“影子餐椅”。一般情况下，椅子的框架、座面和靠背部分采用不同的材料。而贝里安设计的这款餐椅只是把一块层压胶合板进行切割、弯曲，就加工成型为椅子。最初采用的胶合板只有 10 毫米厚。在此基础上，为了让椅子看上去朴素、不惹眼，又把椅子表面涂成黑色，把椅背的高度控制在低于餐桌高度的范围内。同时，贝里安在椅子的收纳处理上也花费了很大心思，这些餐椅在不用的时候能够叠放在一起节省空间。

这款后来也被称作“贝里安椅”的餐椅，单独放时有一种纤细的美感，围绕餐桌并排摆放时又呈现出深邃典雅的情调。不管是什么环境，这款餐椅都扮演“影子”的角色，默默衬托着餐厅的主角。

淡化存在感的纤细之美

如同木偶净琉璃中的黑子

尽可能地淡化存在感，突出轻、薄、暗的设计原则。

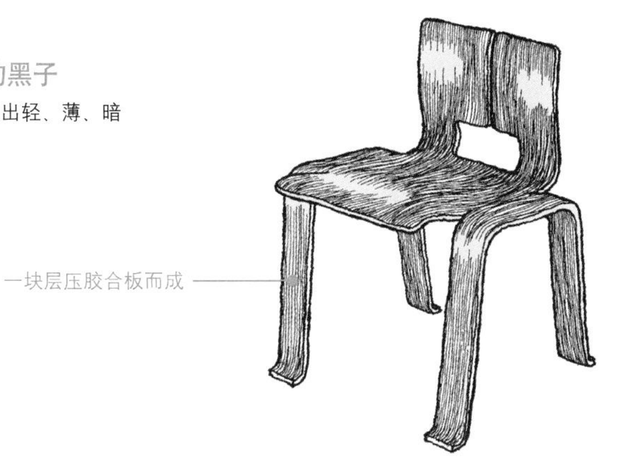

像折纸一样把胶合板弯曲制成的椅子

一般情况下，座面与框架用不同的材料制成，椅腿支撑座面。"影子餐椅"由一块胶合板弯曲制成。如果胶合板的厚度不够、在弯曲加工的过程中不做强化处理，人坐在上面就很容易把椅子腿向两侧压垮。

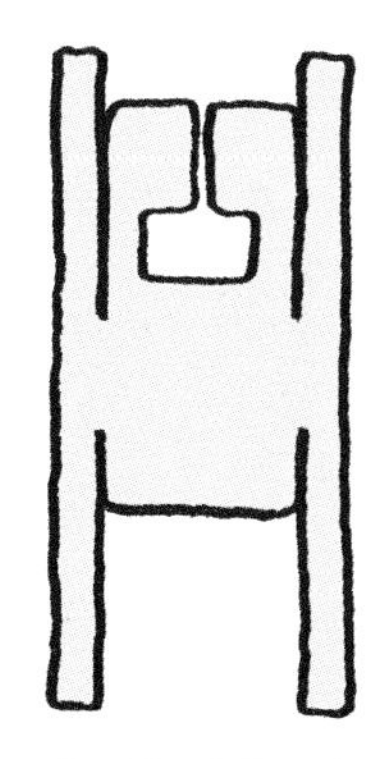

椅子被压成平面时

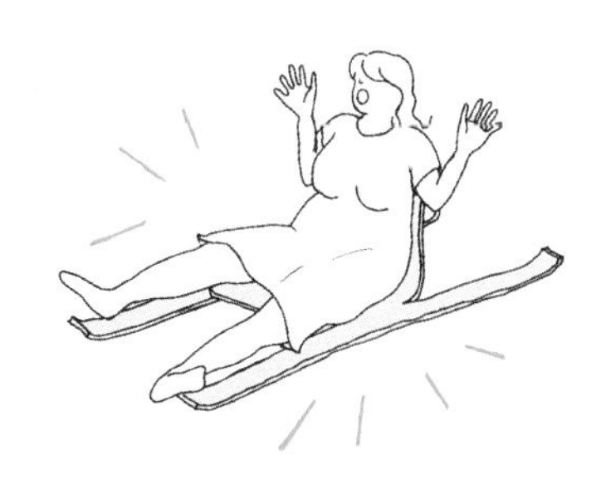

早期的"影子餐椅"采用的胶合板厚度为10毫米左右，强度不够，很容易被压垮。后来部分家具商贩卖的复刻版影子餐椅选用了17毫米的胶合板，大大提高了椅子的强度。

COLUMN

3 赖特的得力助手

玛莉安·格里芬

相关作品

见第42、74、84页

被信赖、被疏远

即使不知道玛莉安·格里芬，也一定有很多人看过她画的设计图。因为让弗兰克·劳埃德·赖特在欧洲建筑界赢得声誉的 The Wasmuth Portfolio 中，包括最有名的作品在内的半数以上的设计图都是由玛莉安·格里芬执笔绘制的。这个作品集对赖特非常重要，不难看出他当时对玛莉安·格里芬十分信任。

格里芬在麻省理工学院完成建筑学课程之后，在赖特的建筑事务所工作了 10 年。后来，赖特因为爱上客户的妻子而私奔到欧洲。赖特走后，格里芬陷入了为赖特处理各种善后工作的窘境。本书在介绍家具时将提到的欧文公馆（见第 74 页）是格里芬在该时期的代表作品。

爱之深，恨之切。遭赖特背叛的格里芬非常失望，一生也无法原谅赖特不负责任的行为。而赖特也在后来连续发表了很多诋毁格里芬的言论。这些言论在很大程度上抹杀了格里芬的成就。

建筑设计术语集

弗兰克·劳埃德·赖特

现代建筑界四大巨匠之一。出生于美国，为后世留下了流水别墅、东京帝国饭店作品。

The wasmuth Portfolio

1910年德国出版的赖特作品选集，收录了100张建筑设计图，这些作品以平版印刷的方式印刷。给欧洲建筑界带来了巨大的冲击，对欧洲新建运动有着重要的影响。

CHAP.

2

聚集人气的地方

——客厅和椅子创造的空间

百叶窗、窗帘是房间内外关系的协调者

虽然房间内外被墙壁隔开，但是窗户将房间的内部和外部连接了起来。一方面，阳光可以透过窗户照进房间，同时，从窗户向外看去也能欣赏到美丽风景。但有些时候，我们需要将房间内外完全隔开。这时，就应当在分隔方法的设计上下一些功夫。

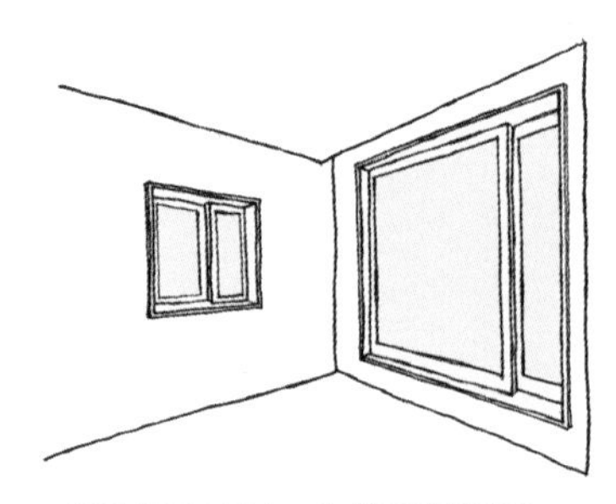

房间有两个窗户，怎样遮挡阳光呢？

房间里的窗帘或百叶窗经常扮演着协调房间内外关系的角色。选择窗帘或百叶窗的时候，不仅要考虑外观和价格等因素，还要确定窗户的方向等，尽量使房间内每一扇窗户都搭配最适合的窗帘或百叶窗。夏天，太阳高度很高，所以水平式的威尼斯百叶窗能有效地遮挡白天从南面直射进房间的阳光。而在房间的西面，阳光几乎是水平照进室内，所以水平式百叶窗无法充分发挥遮阳效果（详见MEMO）。另外，如果想阻挡室外的寒气进入房间，推荐使用厚窗帘代替缝隙较大的百叶窗。

窗帘 最普遍的方式。窗帘的特点是面积很大，会影响房间的整体风格。选择时务必考虑是否与房间内其他设计风格吻合。

两扇窗户分别挂窗帘是最常见的方法。

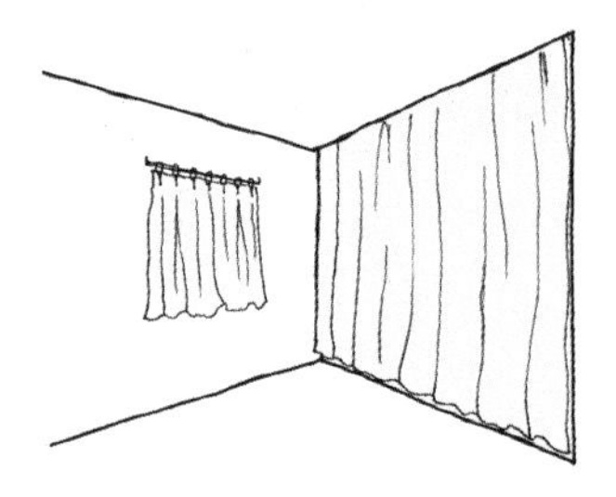

两扇窗户挂上一个大窗帘，给人浑然一体的感觉。

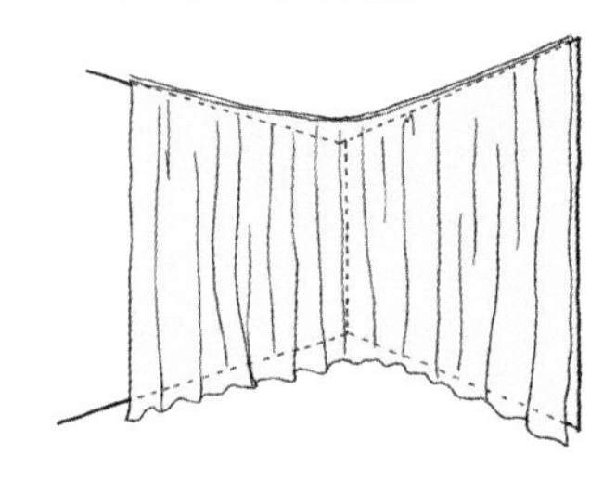

室内与室外的间隔物

横式百叶窗

拉开百叶窗如同拉开窗帘，窗户上没有遮挡，具有整洁干净的优点。通过改变威尼斯百叶窗叶片的方向，可以调整射进室内的光线，也有助于空气流通。

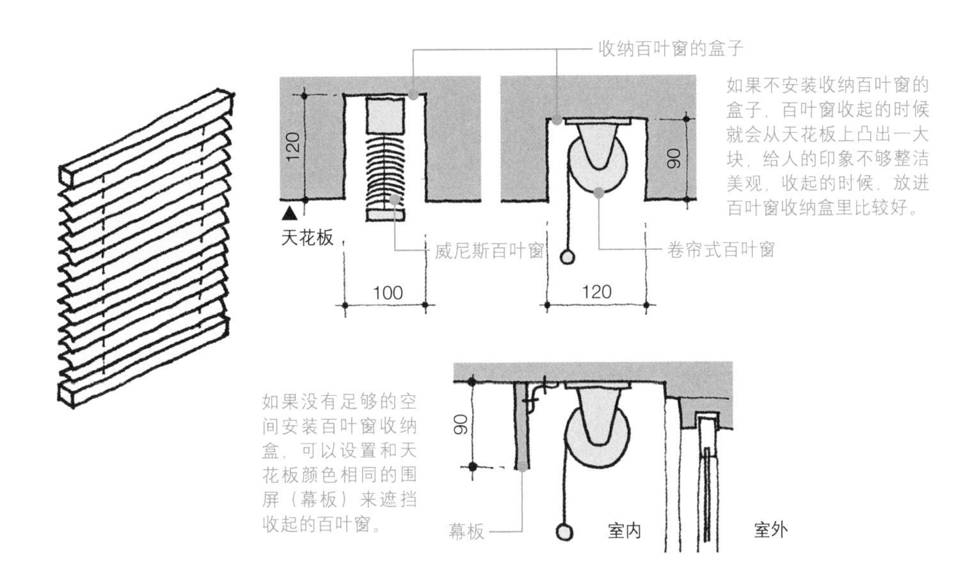

竖式百叶窗

和横式百叶窗一样，通过改变叶片的方向来调整光线和房间的通风效果。拉开百叶窗的时候窗户两边收起的百叶窗面积比窗帘还小，显得十分整洁。

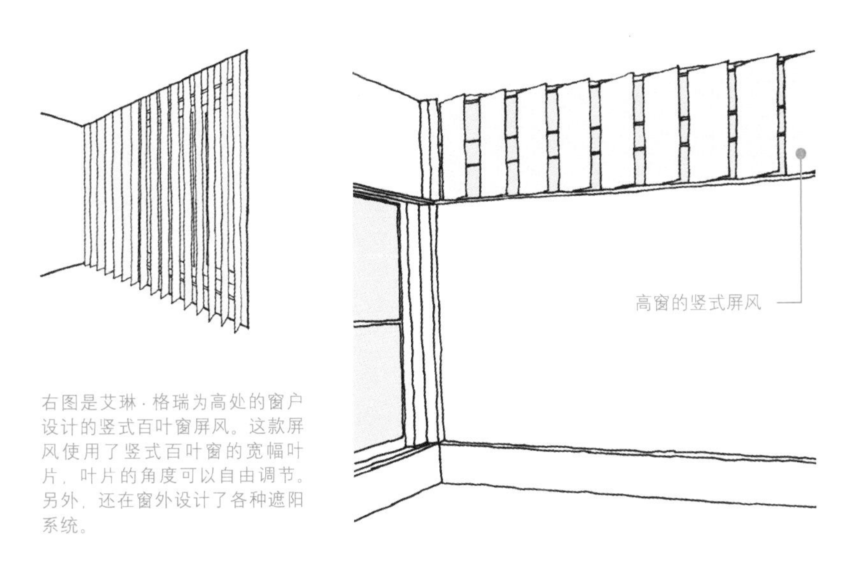

右图是艾琳·格瑞为高处的窗户设计的竖式百叶窗屏风。这款屏风使用了竖式百叶窗的宽幅叶片，叶片的角度可以自由调节。另外，还在窗外设计了各种遮阳系统。

【MEMO】一般情况下，遮阳效果的优劣依次是：横式百叶窗＞卷帘式百叶窗＞花边窗帘。选择颜色鲜艳且有光泽的材料能提高遮阳效果。

施罗德住宅的客厅 / 图卢斯 · 施罗德 · 施雷德&格里特 · 里特维尔德

把客厅设在二楼

把客厅和厨房安排在同一层，做家务轻松了，但是……

两层的住宅，一般会在一楼设置客厅和餐厅，二楼设置卧室。这样设计，一进门就可以进入客厅见到其他家庭成员。如果厨房也在一楼，又可以马上存放买回来的食品，十分方便。

把客厅设置在二楼也有优势。在建造施罗德住宅的时候，因为住宅的地基面积较小，施罗德夫人考虑把客厅安排在景致优美的二楼。但是，在当时的荷兰，把客厅设置在一楼被认为是理所当然的事情，所以在提交建筑设计图的时候，不得不把客厅以阁楼的名义提交申请。

客厅在二楼的好处是从外面无法窥视到客厅内的情形。施罗德住宅使用了大量的玻璃，不仅使房屋充满了开放感，而且采光条件和透过玻璃看到的景致都非常好。设计师还在餐厅特别的角度设计了角窗，打开窗户就可以饱览广阔的田园景色。

施罗德住宅大胆地挑战传统，调换一楼和二楼的设计，创造出别具特色的客厅。

设计开放式客厅的要点

根据功能改变房间的格局

如果把餐厅规划在二楼，厨房也安排在二楼，不仅占用空间，从外面买回来的食材往二楼搬运也十分不便。于是，设计师把厨房安排在一楼，并安装了小型升降机，实现一楼厨房和二楼餐厅之间的连接。

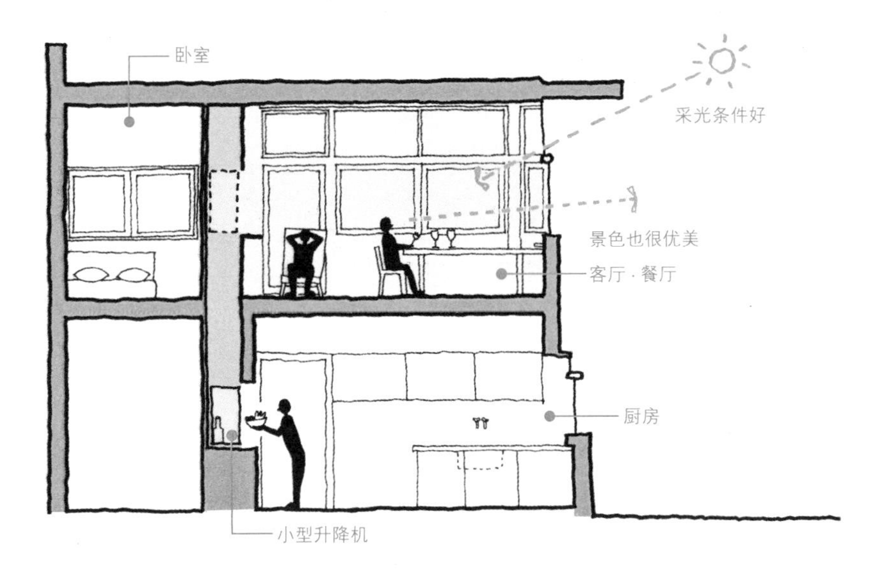

别出心裁的角窗设计，让视野更开阔

客厅·餐厅里的角窗。打开窗户之后，屋角消失，室内与大自然融为一体。

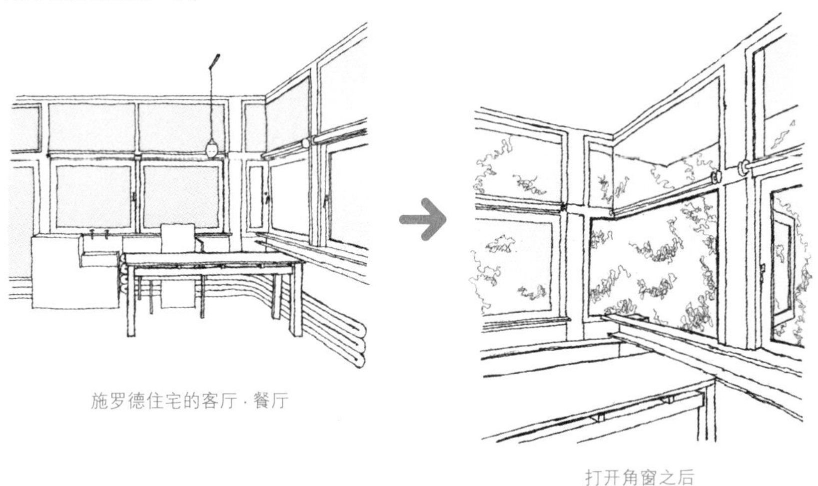

施罗德住宅的客厅 · 餐厅

打开角窗之后

砖屏 / 艾琳 · 格瑞

若即若离的隔间设计

近来，人们习惯于把客厅与餐厅设置在同一个空间里。但是，由于每个家庭成员的用餐时间不同等原因，总会让人觉得有些不便……另外，摆放书桌和床的儿童房，随着孩子长大，就会有间隔房间的需要。有什么办法能够把房间自然地隔开呢？

接下来会介绍四种简单的房间间隔方法。除了这些方法之外，用威尼斯百叶窗间隔也十分方便。因为百叶窗不仅能够自由地上下拉动，还可以通过改变叶片的角度来调整视野，从而灵活地顺应被间隔的房间之间相互关系的变化。遗憾的是，百叶窗需要安装在天花板上，必须破坏大房间里原本宽敞的天花板。

艾琳 · 格瑞设计了用富有光泽的漆面砖片搭建而成的屏风。通过调整这些砖片的角度，视野可以进入另一个房间或者被遮断，从而使被隔开的两个房间保持着若即若离的关系。这款屏风不仅外观精美，而且能够灵活调整被隔开的房间之间的关系。

间隔房间的方法

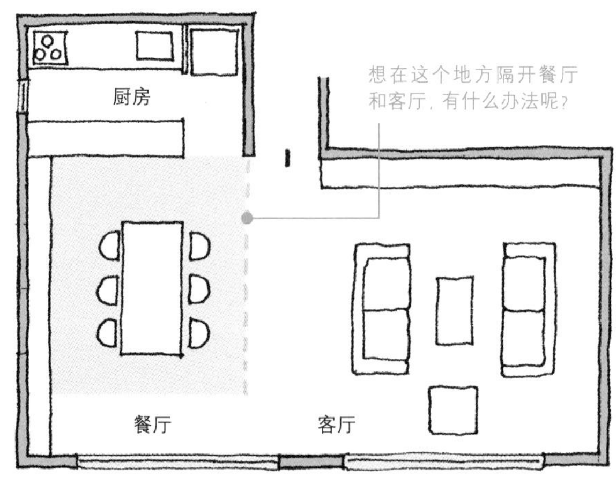

间隔一个大房间的方法请看下一页的介绍

利用间隔法划分房间

间隔房间的四种方法

从天花板到地板，用墙壁进行严格地划分，推荐透光的玻璃墙。

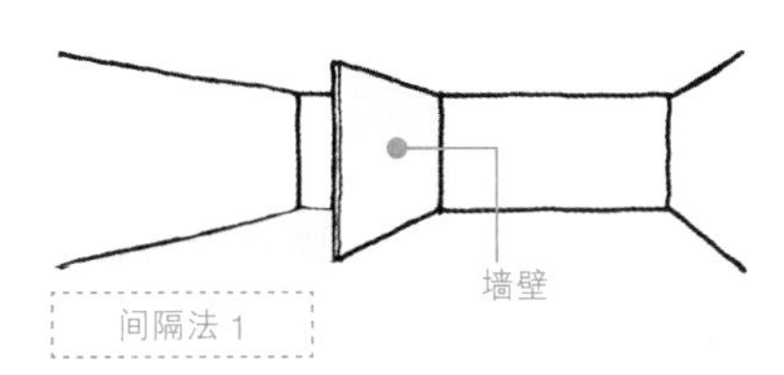

利用窗帘等把房间温和地划分开。这种方法费用少，开闭容易。缺点是要破坏大房间里原本宽敞的天花板。

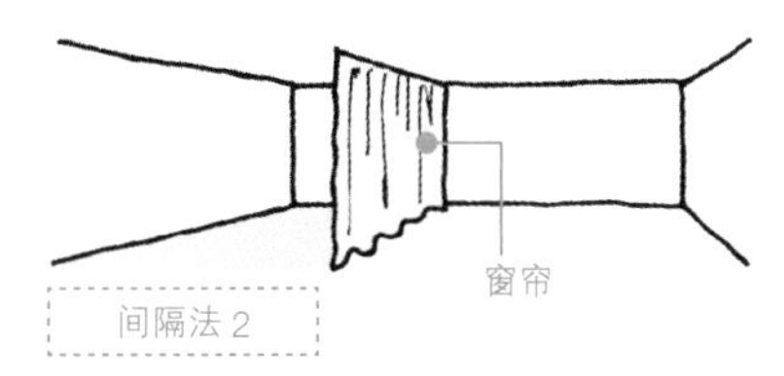

利用屏风等间隔空间。屏风会影响房间的整体风格，应当慎重选择。

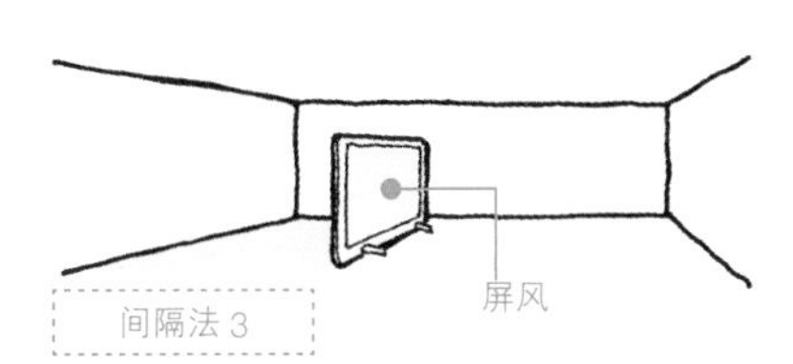

如果想自然地间隔房间，还可以用摆放家具的方法。推荐使用没有正反面之分的家具。

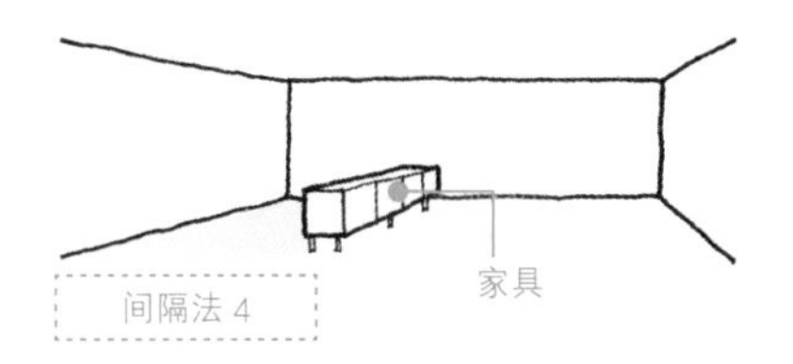

间隔的设计决定了房间的风格

艾琳·格瑞设计的砖屏，顾名思义，是用富于光泽的漆面砖堆砌而成的。漆面砖按照一正一反的规则搭建。透过相邻砖片的缝隙，可以看到另一空间若隐若现。改变砖的方向，视野也随之发生变化，非常巧妙。

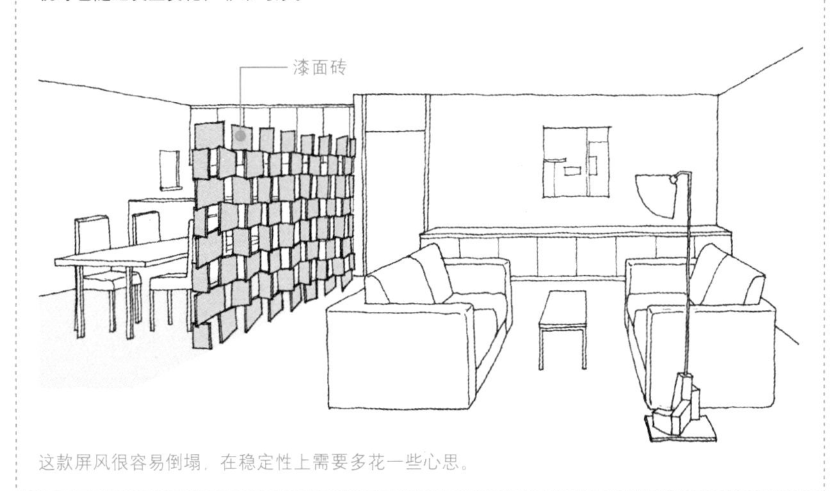

这款屏风很容易倒塌，在稳定性上需要多花一些心思。

施罗德住宅的间隔设计 / 图卢斯 · 施罗德 · 施雷德&格里特 · 里特维尔德

家人之间的可移动间隔

家人之间，无论在物理上还是精神上，没有间隔是不是更好？

所有家庭成员都汇聚在客厅里的情景是一种理想的家庭状态。但是，随着孩子年龄的增长，有了属于自己的房间，总喜欢闷在房间里，和父母的沟通越来越少……这是家庭里常见的现象。怎样才能让家人尽量在客厅里一起度过美好时光呢？

施罗德住宅提出了一个大胆的方案，即把客厅和卧室设置在同一个空间里。白天，所有家庭成员都在客厅和餐厅里。到了晚上，通过可移动的间壁墙划分出每个人的卧室（详见 MEMO）。家庭成员各自的物品放在角落里，白天大家一起聊天、读书，相互之间毫无距离，因为在同一个空间里，自然而然就会沟通。

今天重新审视施罗德住宅，仍然觉得它是一处设计非常大胆的住宅，给予我们很多设计上的启示。我们何不尝试采用同样的方法，拆除家人心中的那一面墙呢？

可移动间壁墙

墙壁可以消失的住宅——施罗德住宅平面设计图

白天家庭成员一起度过美好时光。施罗德夫人为了不让孩子们觉得孤独，希望打造一个能够经常聚在一起的住宅。另外，她期望孩子们不是在隔离的状态下生活，而是在与成年人的对话中成长。

拉上间壁墙时

晚上，间壁墙出现，形成了单独的卧室。

代表性的可移动间壁墙（拉门型）

每扇门都可以在各自的轨道上自由拉动。可以只打开一部分，但是密闭性较差。另外，门扇增加，轨道的宽度也要随之变宽。

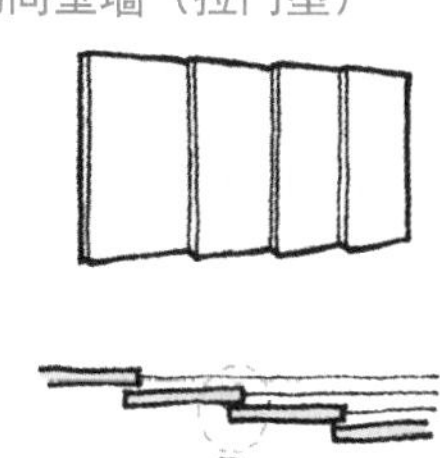

多轨道

拉上拉门时，所有门扇整齐地形成一面间壁墙。轨道折点处的形状经过加工，可以增强密闭性。

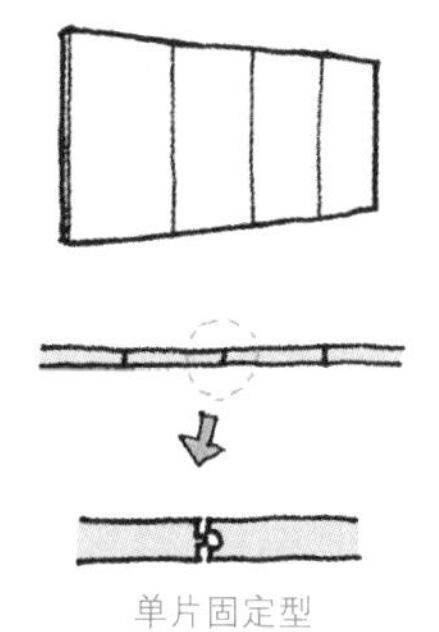

单片固定型

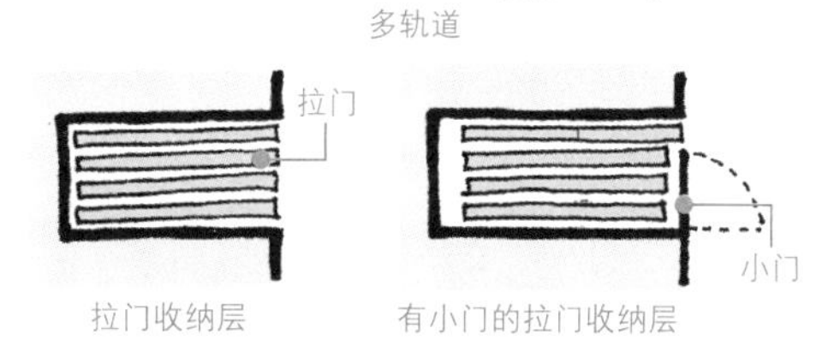

拉门收纳层　　有小门的拉门收纳层

把拉门收入收纳层后，间壁墙便消失了。左图中，间壁墙被拉出，收纳层里是空的。给拉门收纳层也装一个小门，就可以避免这样的情况。

【MEMO】可移动间壁墙使用的拉门，有门槛门楣型、滑轮型，以及吊钩型。如果拉门较重，使用荷重强度大的金属吊钩型，开闭比较方便。

沙发 / 佛罗伦斯 · 诺尔

节省空间的靠背

直线型的简洁设计是真正的现代设计！有单人用和三人用等款式。

在狭窄的客厅里也想放一张沙发……这时，除了选择尺寸较小的沙发外，还可以在沙发的设计和摆放上花一些心思。

把沙发放在紧靠墙壁的位置，是节省客厅空间的有效方法。定制紧贴墙壁的沙发，或靠墙摆放长椅，把墙壁当作靠背，都不会让人感觉到空间狭窄。如果摆放成品沙发，要尽量选择沙发靠背与座面是直角的类型。如果沙发背面有弧度或者是斜面，沙发与墙壁之间的空隙就白白浪费掉了，而且会产生打扫时照顾不到的空间。

诺尔设计的直线型沙发外观简洁，整体尺寸不大，但是座面足够宽敞舒适。而且靠背垂直于座面，很容易和其他家具组合在一起。如果把客厅的沙发和餐厅的餐椅靠在一起，沙发靠背会自然而然地形成一面较矮的间壁墙，将客厅与餐厅两个区域区分开来。

因此，选沙发，除了美观，千万不要忘记考虑沙发靠背哦（详见MEMO）！

巧放沙发，让空间更宽敞

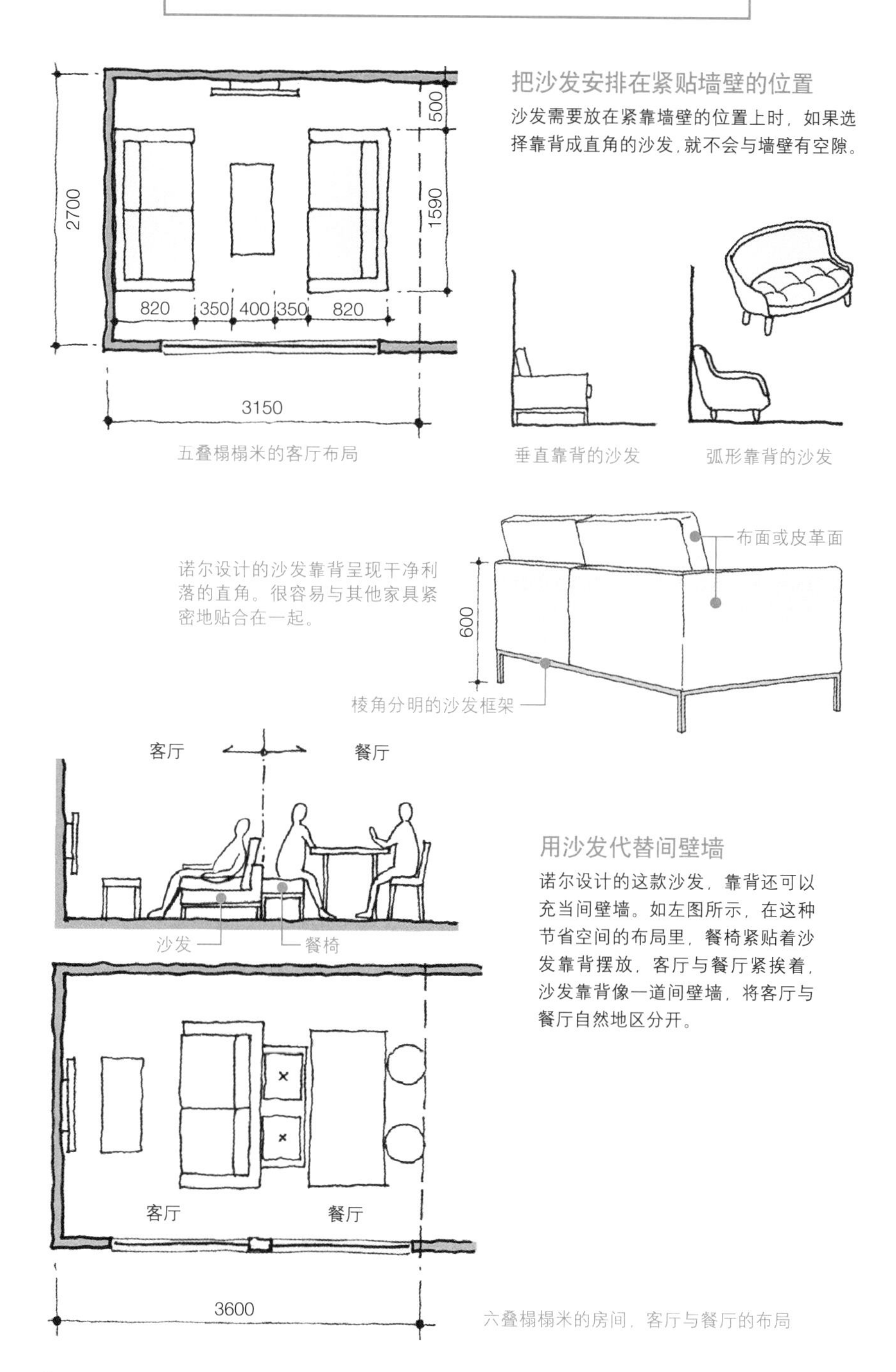

五叠榻榻米的客厅布局

把沙发安排在紧贴墙壁的位置

沙发需要放在紧靠墙壁的位置上时，如果选择靠背成直角的沙发，就不会与墙壁有空隙。

垂直靠背的沙发　　弧形靠背的沙发

诺尔设计的沙发靠背呈现干净利落的直角。很容易与其他家具紧密地贴合在一起。

用沙发代替间壁墙

诺尔设计的这款沙发，靠背还可以充当间壁墙。如左图所示，在这种节省空间的布局里，餐椅紧贴着沙发靠背摆放，客厅与餐厅紧挨着，沙发靠背像一道间壁墙，将客厅与餐厅自然地区分开。

六叠榻榻米的房间，客厅与餐厅的布局

【MEMO】沙发表面主要有布面和皮革面。皮革面越用越觉得有情趣，但要定期打理和清洁，对湿气、干燥和高温的抵抗性较弱。布面给人柔和的印象，但污迹很难清除。

薄而轻但很结实

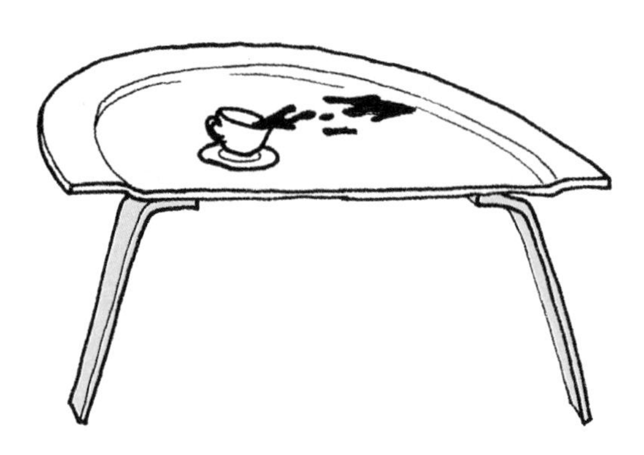

咖啡洒了，桌子的边沿也会拦住液体……边沿的作用还不止这些。

咖啡洒了！没关系。查尔斯 · 伊姆斯夫妇设计的咖啡桌有可以拦截液体的边沿，咖啡不会洒到地板上。那么，这个边沿只是为了拦住洒在桌面上的咖啡而设计的吗？并非如此，其实还有其他用途。

纸做的盘子拉平之后是薄薄的一张纸。但是因为边沿和碗壁的作用，能够保持稳固的形状，盛放大量的菜肴也没问题。这和伊姆斯设计的咖啡桌原理相同。虽然桌面只是一层很薄的胶合板，但是有边沿，桌面不容易弯曲或歪斜，具有很强的抗压性。

胶合板很轻但非常结实，价格也比较便宜，而且能够很好地展现木质的美感。第二次世界大战中，伊姆斯开发的胶合板三次成型技术用来制作负伤士兵的腿部夹板。二战结束后，这项技术开始被应用到家具设计中。三次成型技术大大提高了胶合板的强度，后来，由于价格实惠、有亲和力等优点在家具建材中广泛使用。

提高胶合板强度的三次成型技术

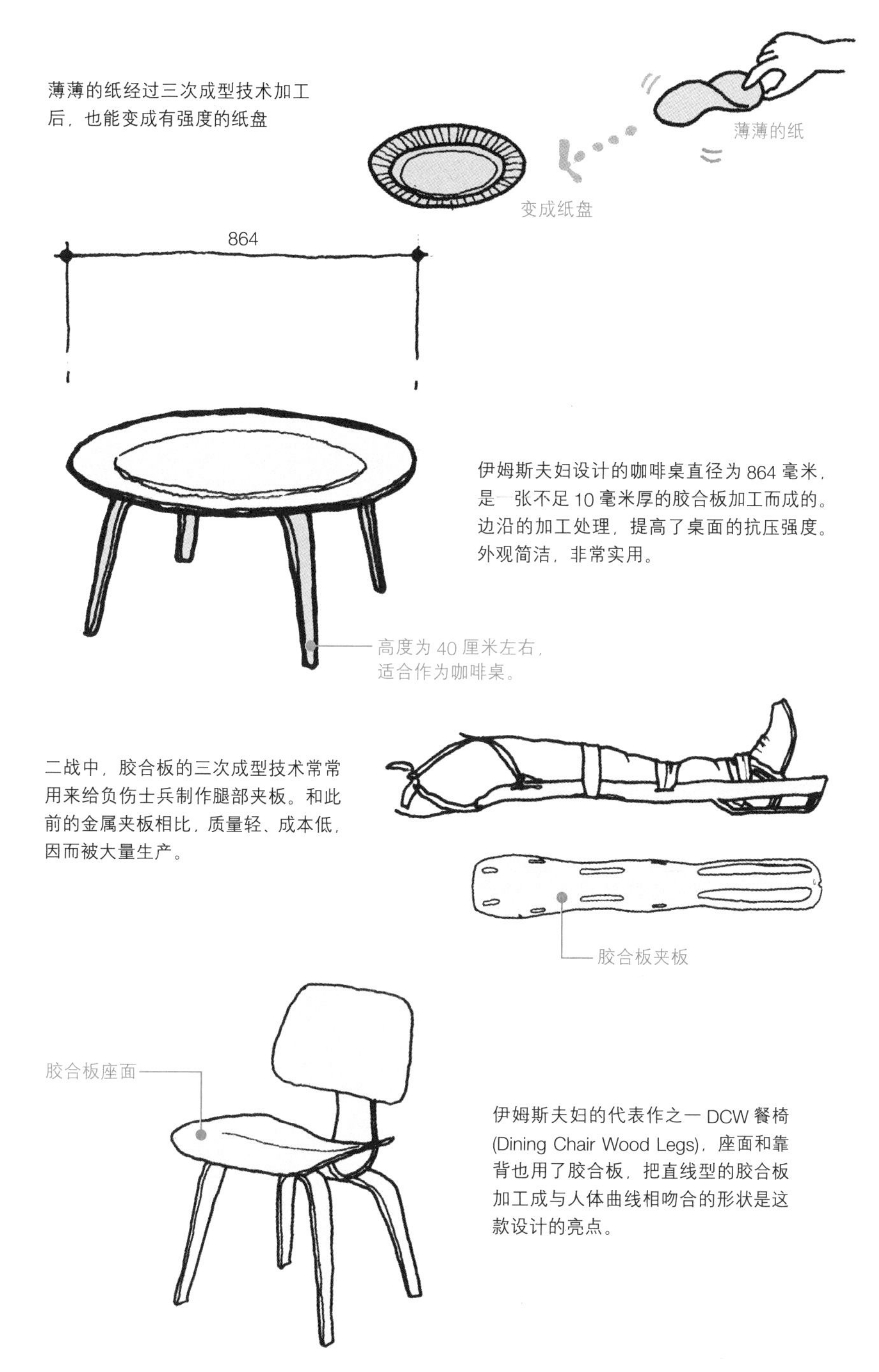

【MEMO】三次成型胶合板是在很薄的板材之间涂抹黏着剂，再利用压力机反复冲压加工而成。

可以躺着休息的空间

“希望家里有一个一叠榻榻米的房间”，很多房主都有这种迫切期望，并不只是为了打造和室空间，而是想建造一个可以躺着休息、并且有多种用途的房间。在客厅旁设置一个小巧的榻榻米房间确实很方便。人们可以不必蜷缩在沙发里，而是躺在榻榻米房间里午睡，也免去了来客人时为每位客人都准备一把椅子的麻烦，大家可以围坐在一起舒舒服服地聊天或休息。

但是，如果家里没有榻榻米房间，怎么办？艾琳 · 格瑞在客厅靠里的地方设置了一张两米见方的“午休床（Day bed)”，这张床如果仅供一个人午睡，显然太大了（详见 MEMO）……所以，与其说这是像沙发一样的“家具”，不如把它看成是像“地板”一样的空间。和榻榻米房间一样，这张大床可供多位客人就座，这么说来，它是为了让大家放松休息而设计的。

很多人都希望客厅里有可以午睡或小憩的空间。不管有没有榻榻米房间，至少要保证有一个放松休息的空间。

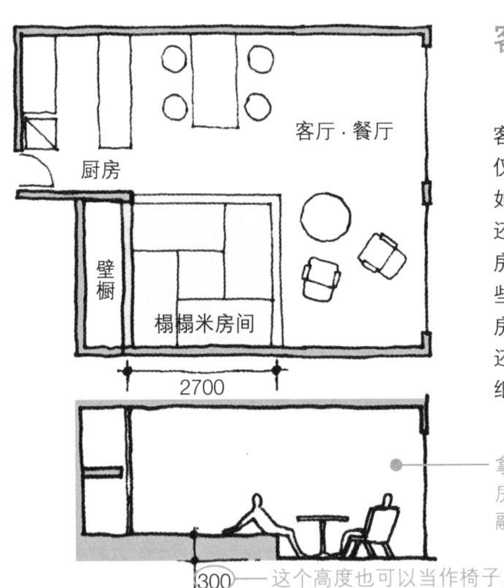

客厅旁的榻榻米房间

客厅旁如果有一个榻榻米房间，不仅可以休息，还兼具其他功能。比如可以当作育儿房，给婴儿换尿布，还可以成为午睡的场所。把榻榻米房间里地板的高度设计得略高一些，客厅里的人更容易看到榻榻米房间里的情形。另外，榻榻米房间还可以作为客人的卧室，最好配备纸拉门、纸拉窗等。

拿掉拉门后，榻榻米房间与客厅在空间上融为一体。

打造放松休息的空间

E.1027 客厅里的午休床周围摆放了一些小茶几，休息的时候还可以品酒饮茶。

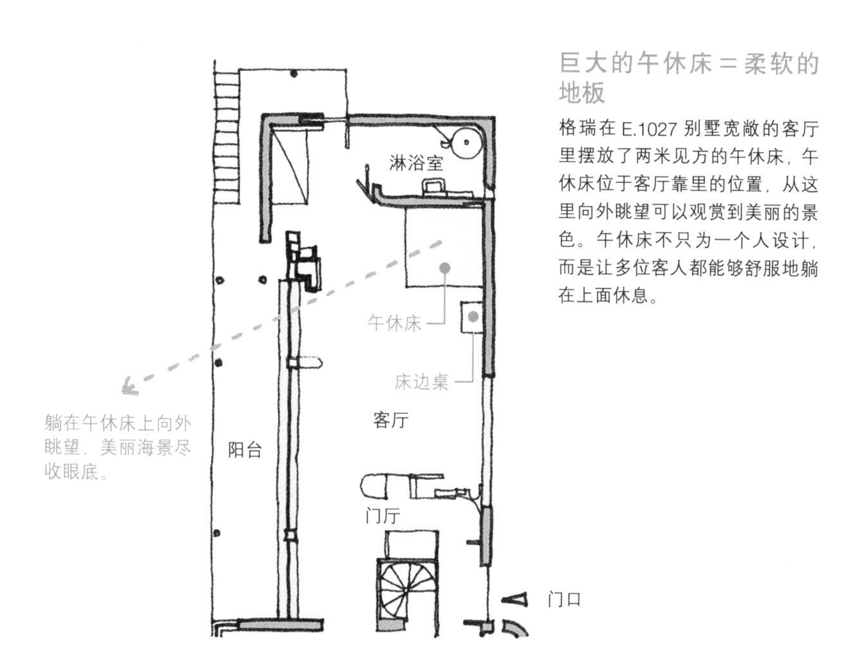

躺在午休床上向外眺望，美丽海景尽收眼底。

巨大的午休床＝柔软的地板

格瑞在 E.1027 别墅宽敞的客厅里摆放了两米见方的午休床，午休床位于客厅靠里的位置，从这里向外眺望可以观赏到美丽的景色。午休床不只为一个人设计，而是让多位客人都能够舒服地躺在上面休息。

【MEMO】午休床原本是午睡的沙发床。设计时，不要忘记设置配套的收纳场所，用来存放毛毯等。榻榻米房间里放被子的壁橱相当于收纳场所。

午休床 / 莉莉 · 莱克

有脚的坐垫

在午休床上，不仅可以面向客厅坐着，还可以躺着。

榻榻米房间里的坐垫移动方便，还可以自由调整方向。如果座位从地板转移到椅子上，有没有像榻榻米房间里的坐垫一样灵活、可以随心所欲坐下来休息的家具呢?

午休床是躺椅的一种，通常有一张简易的床垫，放在客厅里，是很多现代主义建筑师都热衷设计的一款家具。莱克设计的外观简洁午休床是其中的代表作。和沙发不同，这款午休床没有靠背和扶手，可以把它放在房间的中央，像坐垫一样从任意方向都可以落座，还可以拉到靠近墙壁的位置摆放。午休床下面有脚，移动时要比坐垫费力气，但可以利用它的高度，作为划分房间的一道自然的间壁墙。

午休床是一款很灵活的家具，在没有间壁墙的大房间里，可以通过改变午休床位置，自由地改变房间的格局。在现代住宅设计中，午休床应该得到更有效的利用。

可以改变房间格局的灵活家具

像坐垫一样的沙发

莱克设计的午休床，口字型木制框架上的床板是橡胶带，铺有皮革弹簧垫。通过螺丝把铬管固定在框架上作为床腿，设计十分简洁。

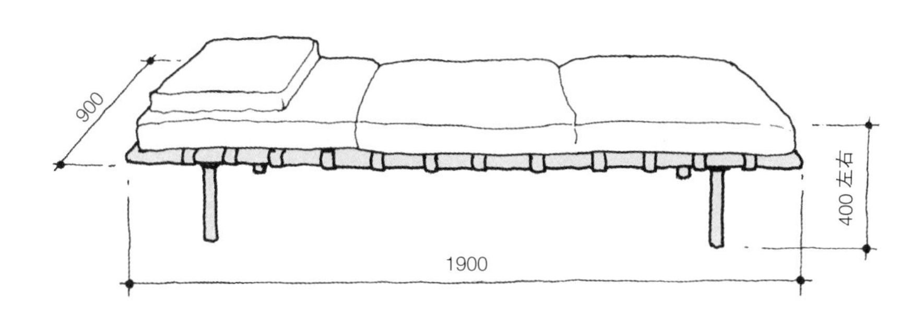

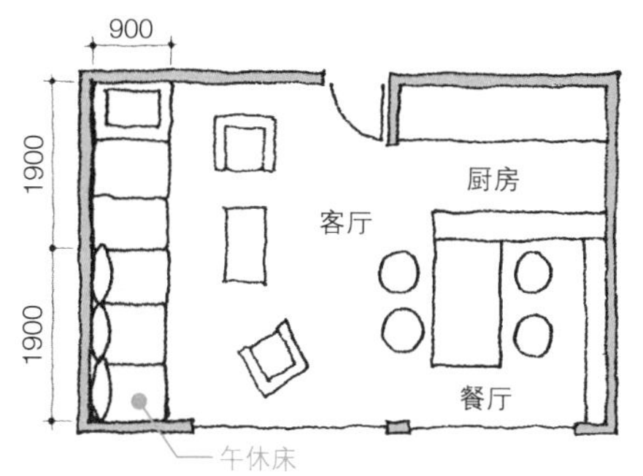

灵活地改变房间布局

紧贴客厅的墙，并列摆放两张午休床，有客人时代替沙发，平日里用来午睡。外观整洁利落。

午休床

办公桌 工作室 办公桌

在狭窄的工作室里，午休床可以代替间壁墙摆放在中央。因为从多个方向都能使用，可以从方便的一侧躺下来休息。

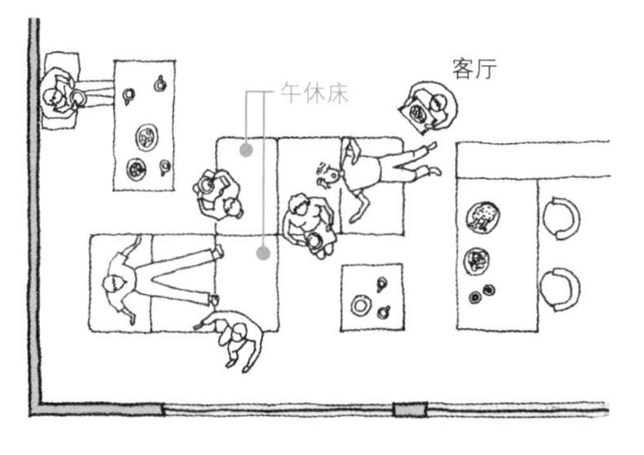

来客人的时候，可以把两张午休床移到客厅中央，组成客人放松休息的岛型结构，可供相当多的人休息。

胡桃木凳 / 查尔斯 · 伊姆斯&蕾 · 伊姆斯

在沙发旁摆放灵活机动的茶几

放松休息的时候，茶几离得远非常不方便。

茶几上摆放一些精致的图书或美丽的花瓶，令人心旷神怡。但生活中很多时候我们都处在远离茶几的地方。而且茶几通常不能随意搬来搬去……这时候，外形小巧、能够自由移动、可以摆放小空间里的边桌出场了。

边桌是配角。不用的时候收起来可以节省空间，很多边桌设计时都在节省空间方面下足了功夫。而查尔斯 · 伊姆斯夫妇设计的边桌，最大的优点在于多样化的用途。不仅可以放东西，还具有良好的稳定性，取放高处物品时，还可以用作脚凳。另外，伊姆斯很喜欢坐在这个边桌上，它渐渐拥有了一个新名字，叫作“小凳子”。

这个用胡桃木做的小桌子，外形与国际象棋的棋子一模一样。放在上面的物品、坐在上面的人看上去也仿佛是一枚棋子，这种设计非常有趣。在住宅设计中，建议摆放这样一个用途广泛、便于移动且灵活的小家具。

既可以放东西，又可以坐，用途多种多样

灵活机动的边桌

查尔斯·伊姆斯夫妇设计的酷似国际象棋棋子的"胡桃木凳"。共有三种款式，外形稍有差异。这款灵活机动的边桌另一个优点是，不用时可以叠放在一起。

➔见116页（E.1027边桌）

以凳子命名的边桌，按形状分为三种类型。

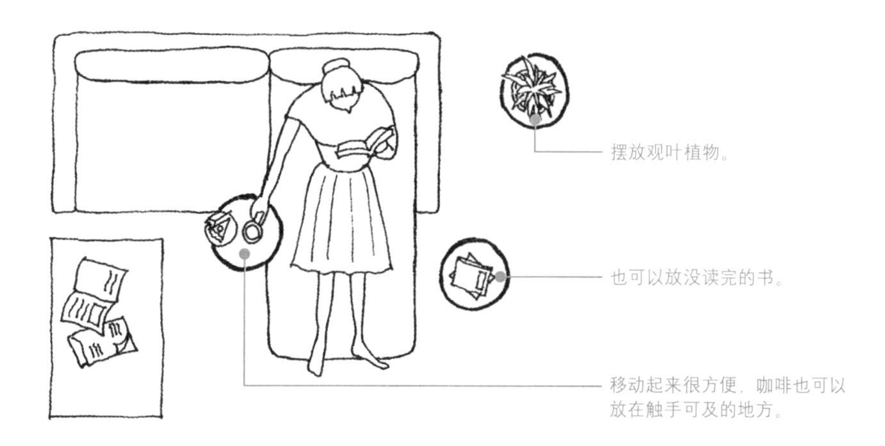

坐在上面也没问题

人们常说，不能坐在桌子上。但是，这个小家具是桌子，还是凳子？蕾·伊姆斯把这个原本是边桌的小家具放在伊姆斯公馆的许多地方，难道是想把它当椅子？

和国际象棋的棋子一模一样

【MEMO】说起比较灵活的家具，就不得不提套叠桌。套叠桌是指形状相同、大小各异的三四张桌子，不用的时候可以叠放在一起收进套匣。也可以根据实际需要单独拿出来作为边桌。

日式住宅里的椅子

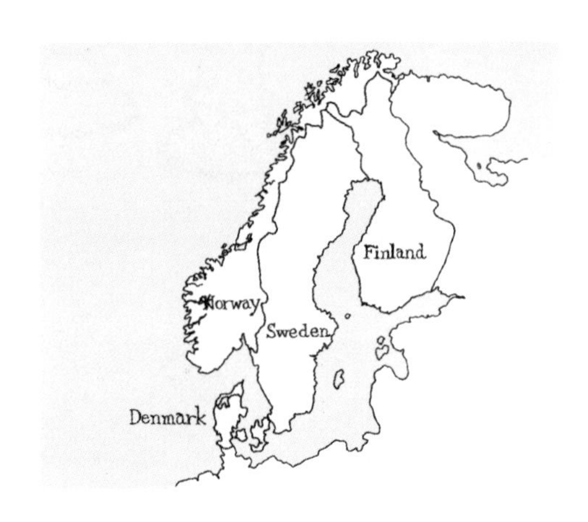

民族、国籍、气候不同，为什么北欧现代家具同样适用于日本住宅呢？阿尔托夫妇对日本文化有着浓厚的兴趣，并深受其影响。

日本也有很多北欧现代家具的粉丝。气候、风俗和身材等方面都有差异，制造出来的家具同样适合日本住宅，真是不可思议。

北欧现代家具与日本住宅的共同点是，都能有效地利用不经涂饰的木头的美感，不过分强调装饰性，直线型的简洁设计居多，都把自然作为设计的主题（详见 MEMO）。艾诺·阿尔托设计的椅子和布料的花纹都充分体现出上述特点。虽然我们不知道这种审美意识相似性的来源，但可以肯定的是阿尔托夫妇在日本文化方面造诣很深厚，他们从传统的日本建筑中学习了很多知识。

按照常规，住宅的室内设计应当保持同一种风格。但是，如果吸取异域文化的精华，而且这些源自异国的东西与自己的住宅搭配和谐，就可以建造出不拘一格，充分彰显居住者个性的空间。首先，让我们从一把椅子和一张桌布入手，尝试引进异域风情的生活吧！

当北欧家具遇到日本住宅

北欧现代家具与日式住宅完美搭配

- 尝试用日式布料（唐草纹等）代替北欧现代家具表面的布料
- 桌上放北欧风格图案的餐具垫
- 挂上北欧风格布料做成的门帘
- 将北欧风格的餐具与日式漆器并用等……

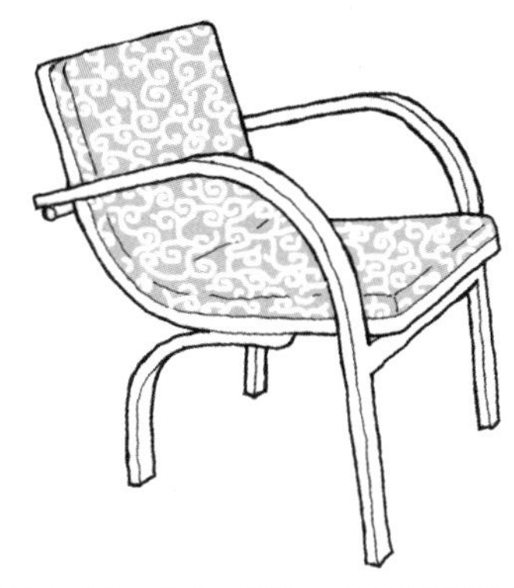

以自然为主题的北欧风格布料有些日本味道

唐草纹布料座面的休闲躺椅。也许是椅子腿用了本色木料的缘故，非常和谐。

放在日式住宅里很和谐。

【MEMO】北欧现代设计的代表设计师，除了阿尔托夫妇外，还有阿纳·雅各布森（丹麦）和汉斯·威格纳（丹麦）等。

落地灯 / 艾琳 · 格瑞

向上照明

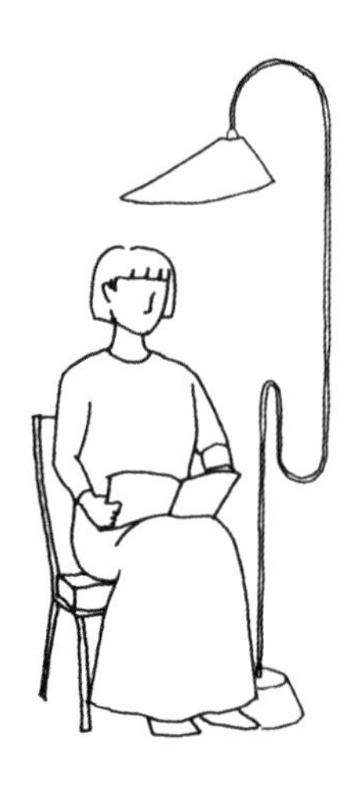

落地灯只能当阅读灯吗？这盏落地灯是格瑞 1930 年设计的作品。

日本住宅通常会在天花板上设置照明。但是在西欧，多使用落地灯和台灯，天花板上不安装任何灯具。天花板上的直接光源可以均匀、明亮地照耀整个房间，如果同时利用其他设备从不同方向照明，明暗错落的深邃感可以为房间营造出一种温和宁静的氛围。

落地灯是身边的照明工具，这种印象在人们心里根深蒂固。如果把灯罩的方向转向天花板，落地灯就变成了一种间接照明。特别是天花板较高的情况下，光扩散后照明效果更好。因为发光强度不高，所以读书的时候建议与其他照明一起使用。

另外，使用全方向扩散光的落地灯，除了能同时照明天花板和地板之外，由于光的中心降低，可以使房间产生一种温和宁静的氛围（详见 MEMO）。有效利用落地灯可移动的优点，尽情享受来自不同位置和方向的灯光吧！

改变客厅氛围的落地灯

落地灯照向天花板

在宽敞的客厅，落地灯照向天花板后，反射回来的间接灯光会在整个房间里蔓延。如果天花板是明亮的颜色，效果更佳。

格瑞设计的各式落地灯

管状灯

外部铬管支撑着内部有些黄晕的乳白色灯管，这是一种全面扩散型的照明用具。格瑞在 1930 年设计的这款落地灯展示出现代设计的风格，让人不可思议。

落地灯的光线强弱最好可以调节。如果落地灯用的是白炽灯泡，建议在后面安装调光遥控开关。

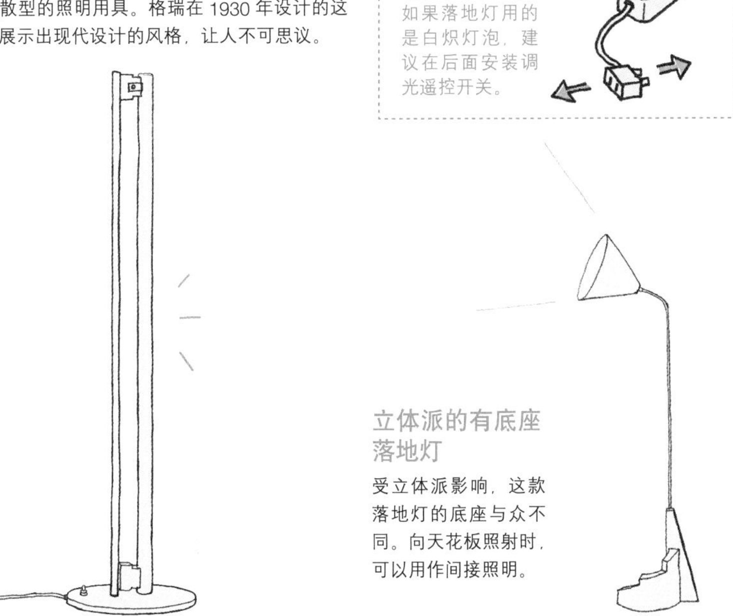

立体派的有底座落地灯

受立体派影响，这款落地灯的底座与众不同。向天花板照射时，可以用作间接照明。

【MEMO】没有灯罩的扩散型落地灯，通常用位置较低的球形灯。如果是小型的落地灯，把它放在暗处，也会成为一种间接照明。

玛利亚别墅的客厅 / 艾诺·阿尔托

绿意盎然的住宅

在室内摆放植物，生活会变得滋润起来……这个道理大家都知道，但把一些大小不一的植物融入室内设计中非常困难。在住宅设计中，巧妙安排植物的关键是统一花盆的形状。不能把植物移植到相同形状的花盆里时，可以用长方形的栽培箱。在室内栽培不同的植物，应当尽量修剪整齐。

玛利亚别墅的客厅里，本色木料制成的窗台上，白色的栽培箱沿着窗户呈 L 形排列，全长超过 5 米。这些栽培箱让人感受到震慑人心的力量，摆放在高度约为 400 毫米的窗台上，房间里的人会产生一种被花草簇拥的感觉。植物种类繁多，花朵千姿百态，颜色五彩缤纷，因为栽培箱的高度相同，所以看上去非常整齐。

人们常会觉得把植物融入室内设计中非常困难，何不尝试用这种简单的方法，将植物拉进自己的视野呢？

玛利亚别墅的客厅

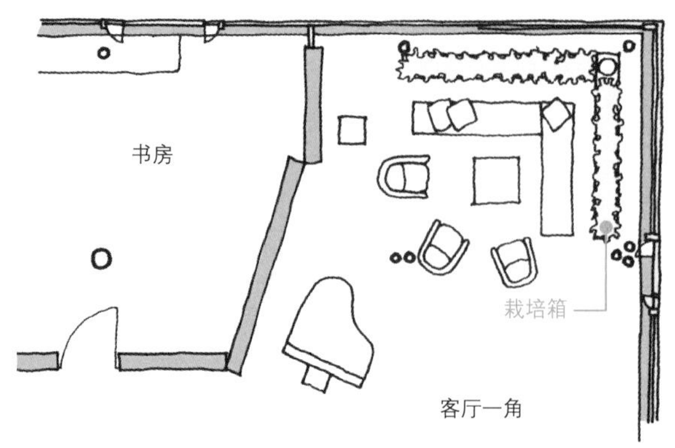

玛利亚别墅客厅的一角

玛利亚别墅的建筑面积超过 1400 平方米，可以说是豪宅中的豪宅。巨大的客厅根据家具的不同风格划分成几个区域。左图的客厅是其中的一个区域。引入植物是住宅设计的特点之一。

将植物巧妙引入住宅的要点

利用相同容器和高度打造整体感

栽培箱的高度应当是人坐在较低的椅子上，植物恰好进入视野。即使在花草树木枯萎的冬天，因为有栽培箱，仍然可以与花草为伴。

藤蔓轻轻地爬上窗户

大叶的藤蔓植物爬上窗户，与栽培箱里的植物相互映衬，为客厅增添几分曼妙轻盈的感觉。

【MEMO】在室内栽培植物时，首先要确定摆放的位置，选择合适的品种也至关重要。在采光条件好的窗边，可以像阿尔托一样培育花朵。不同植物浇水的频率不同，有的植物叶子也要浇水，购买时要详细询问。

公寓也想有外廊

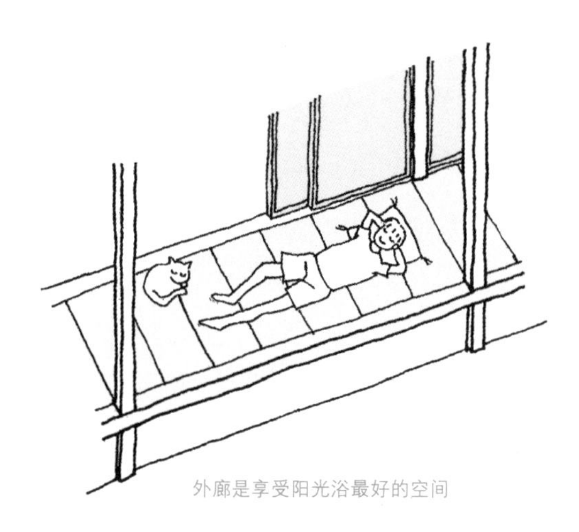

外廊是享受阳光浴最好的空间

外廊是可以同时享受室内外景致的中间区域。但是最近，住宅中这种白天可以晒太阳、午睡的外廊越来越少了。

在公寓里，如果想建造外廊应该怎样设计呢？贝里安在室内和阳台上分别设置了木质的长椅和甲板，将室内外紧密地连接起来。长椅宽度为 900 毫米，高度为 350 毫米左右。阳台铺设的甲板高度与室内的长椅差不多。一打开窗户，室内长椅与阳台甲板连接起来的区域便出现在眼前。

与一般外廊不同的是，这个中间区域与室内地板的高度有差异。但是，如果根据长椅的高度配置一些较低的小凳子和小桌子，长椅看起来就不会孤单，而是能很好地融入整个房间之中。因为长椅将窗户内外紧密地连接起来，人们会感觉室内比原来宽敞。贝里安的这一设计让我们可以重新审视住宅里的中间区域。

室内外空间完美连接

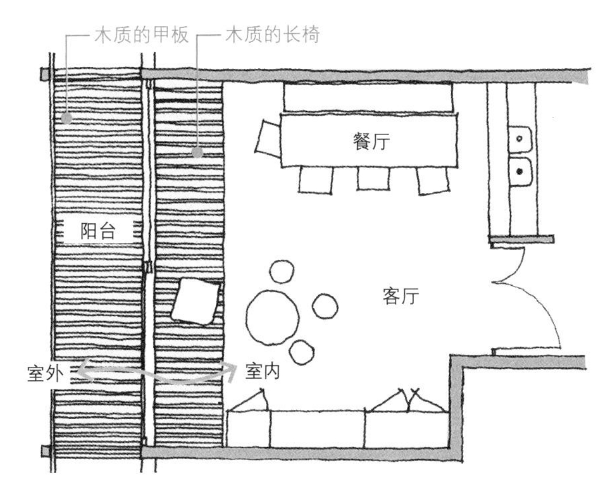

Arc1600 的平面图

窗户附近的长椅和阳台的甲板，将室内外紧密连接起来。Arc1600 公寓位于滑雪胜地，平时基本上不会打开窗户，通过长椅与甲板建立起来的中间区域，室内空间与户外的雪景融为一体，非常美丽。

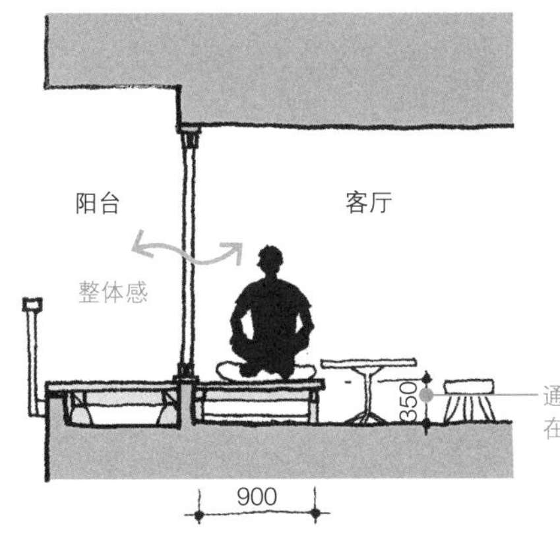

在窗边放置长椅

在能够眺望美景的窗边设计可以躺卧休息的场所。因为有 900 毫米宽，能够随心所欲地躺在上面。长椅的座面比较低，只有 350 毫米，躺在长椅上看到的天花板也会感觉高一些。

利用低矮的家具营造宽敞的感觉

配上座面较低的小凳子和小桌子，中间区域的乐趣不仅停留在长椅上，还能够延伸到房间里。

Irving Desk / 玛莉安 · 格里芬

一个家具，两个角色

希腊神话中有半人半马的怪物肯塔罗斯，把人和马的优点结合起来而成为最强大的肯塔罗斯族。从这个创意出发，建筑设计中也诞生了更美观、更方便的家具。比如说，赖特设计的躺椅，靠背和扶手都兼具边桌的功能。

格里芬设计的写字台更是一款不可思议的家具。她把白天午睡用的床和办公桌组合到一起。我们不了解这款家具的诞生过程，也不清楚应该怎样使用它。也许是为了让坐在办公桌前的人给躺着的人读书而设计的。也有人说是为了方便躺着的人让办公桌前的人作口述记录而设计的。

不管它的真正用途是什么，写字台和通常靠墙摆放的床形成一个整体，像气派的陈列品一样威风凛凛地占据房间的中心位置。格里芬把性质完全不同的两件家具组合在一起，创造出了一个前所未有的家具“混血儿”。

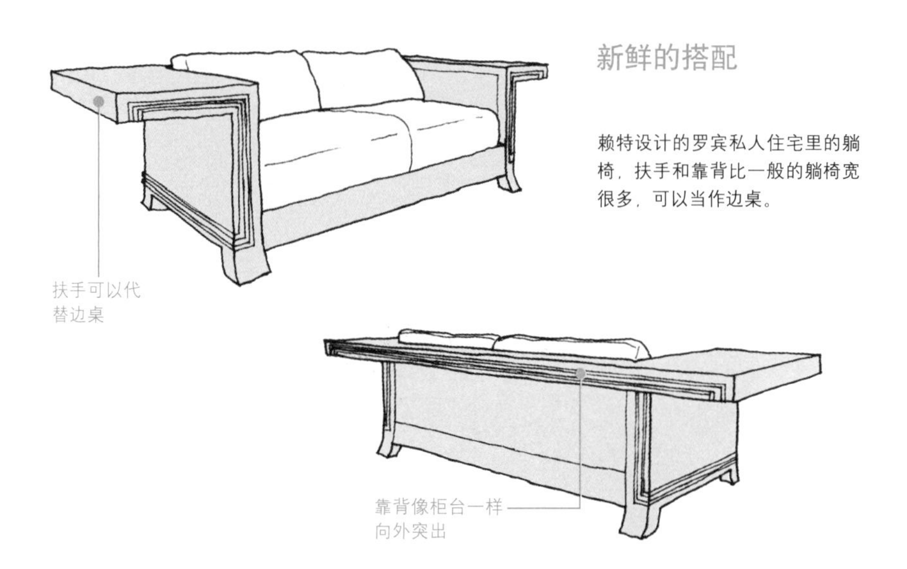

新鲜的搭配

赖特设计的罗宾私人住宅里的躺椅，扶手和靠背比一般的躺椅宽很多，可以当作边桌。

组合不同性质的家具

午休床＋写字台

格里芬的 Irving Desk。把写字台和午休床组合到一起，
创造出不可思议的家具“混血儿”。

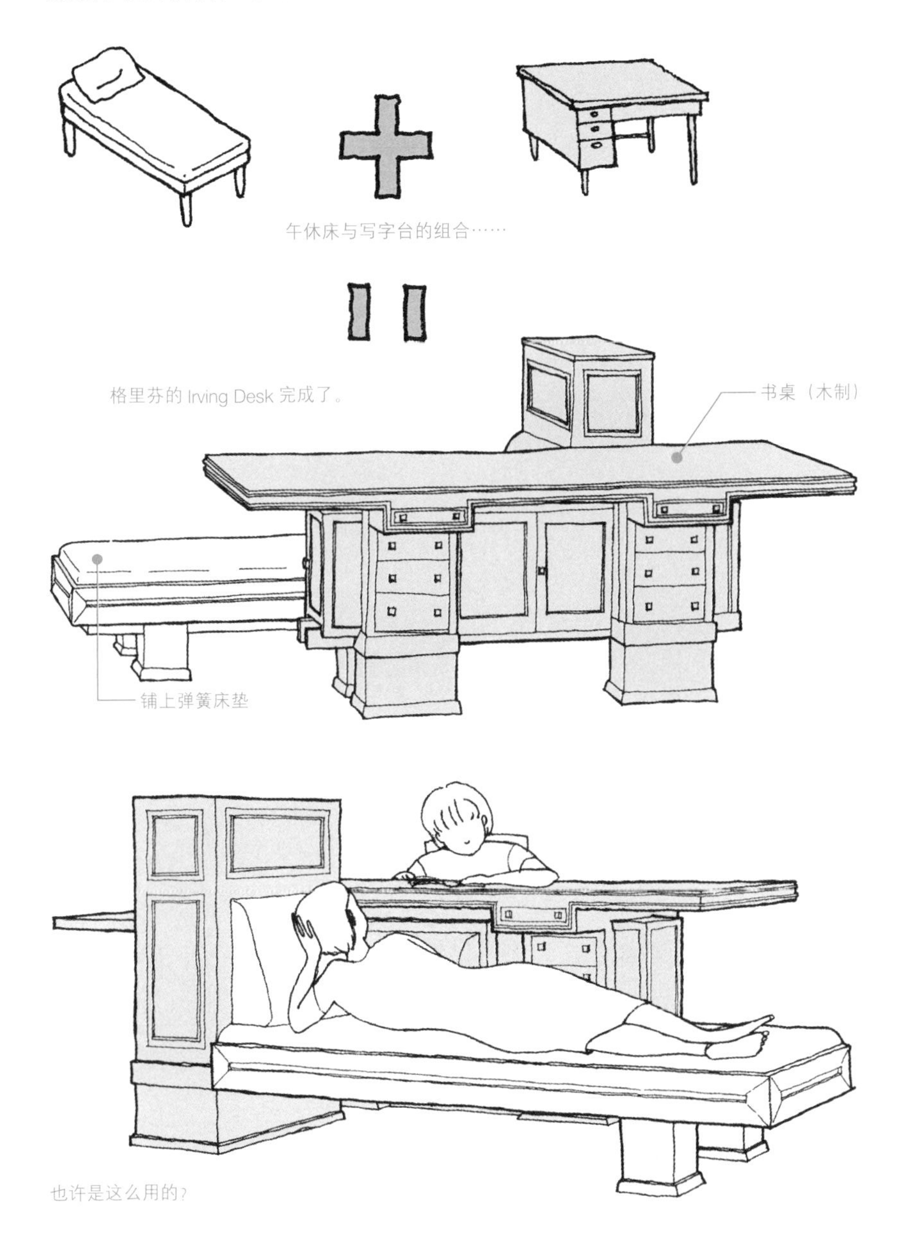

湖泊花瓶（Savoy Vase）/ 阿尔瓦·阿尔托&艾诺·阿尔托

装点桌面的玻璃花瓶

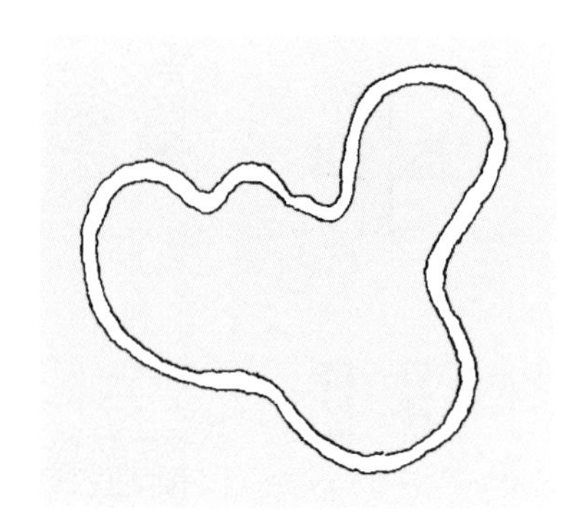

湖泊花瓶的曲线，很多人以为是受湖泊形状的启发设计。实际上是从爱斯基摩妇女的皮裤中获得了启发。

人们总想在家里装饰一些花，但往往不知从哪儿开始。如果用上图这样的玻璃花瓶怎么样？这种从上向下看形状奇特的花瓶叫作“湖泊花瓶”。湖泊花瓶还有另一种款式，呈现出四枚花瓣盛开的形状，我们把这样的器皿叫作“阿尔托之花”。这两种器皿都展示出波浪起伏般的优美曲线，将玻璃材质衬托得格外美丽。

玻璃器皿的优点不仅在于外形，还在于使用方法灵活，适用于多种用途。不仅可以在这些器皿里放些花和水果，还可以当作笔筒，用途十分广泛。在容器里盛些水可以提升玻璃器皿的美感，如果再滴入几滴颜料或放进几条鱼就更漂亮了。

湖泊花瓶作为 1937 年巴黎万博会的展示作品，荣获了玻璃容器设计大赛一等奖。此后，这种花瓶一直大量生产，但据说阿尔托夫妇收到的版权费用非常少。尽管如此，这种被人们深深喜爱的漂亮花瓶仍然是阿尔托作品中最经典的代表作之一。

装饰居室的花瓶

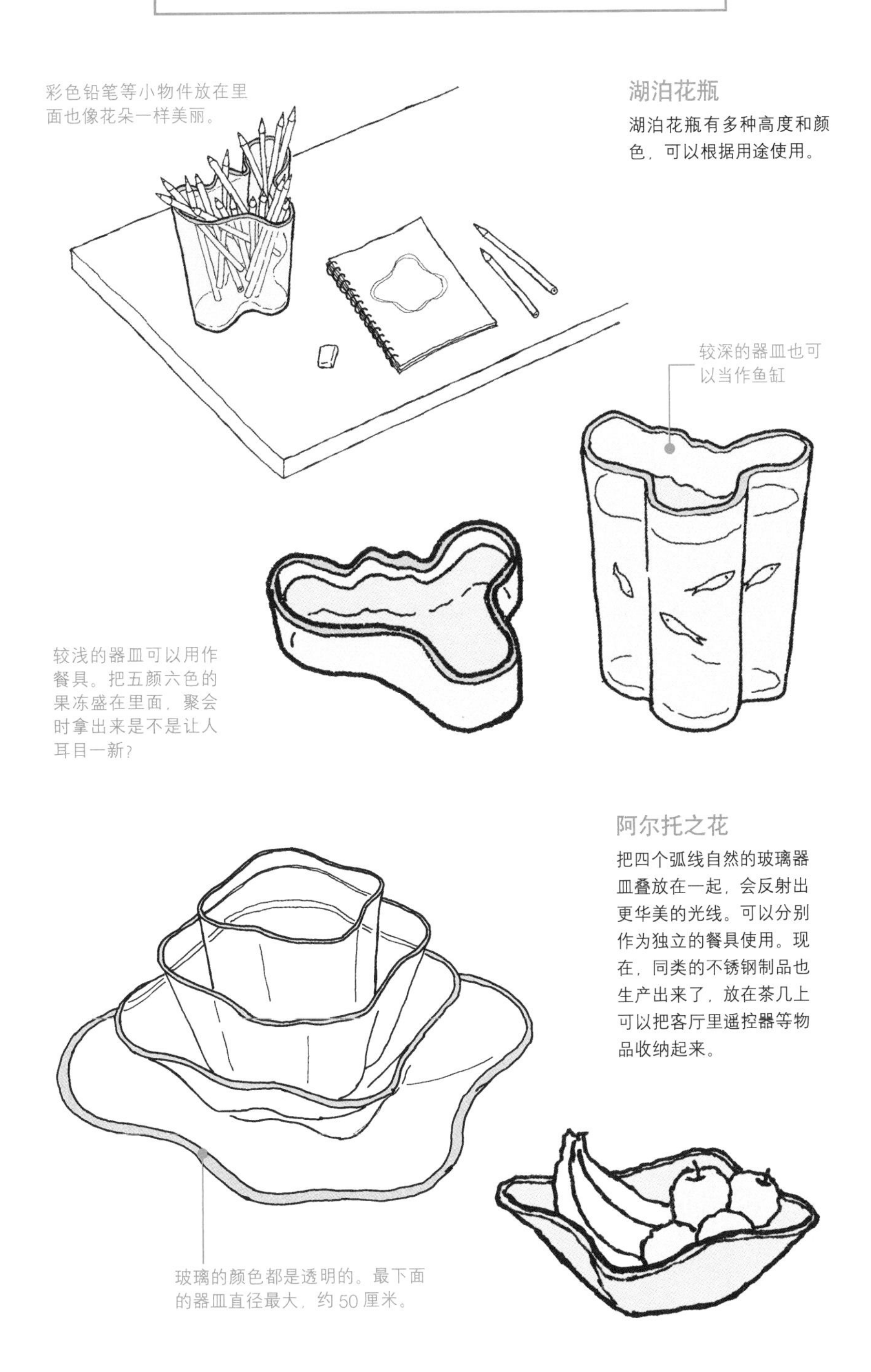

湖泊花瓶

湖泊花瓶有多种高度和颜色，可以根据用途使用。

阿尔托之花

把四个弧线自然的玻璃器皿叠放在一起，会反射出更华美的光线。可以分别作为独立的餐具使用。现在，同类的不锈钢制品也生产出来了，放在茶几上可以把客厅里遥控器等物品收纳起来。

报刊架 / 艾诺·阿尔托　日光浴地 / 艾琳·格瑞

不用教，就会用。超赞的设计

我们总是希望身边的东西不仅有美丽的外观，用起来也很方便，比如不解释也能明白物品的用法。那么，这种设计的关键是什么呢？

首先，形态很重要。下一页展示的杠杆手柄，外形和尺寸都是由人握住物品时手的形状决定的。第一次使用这款手柄的人，右手一握住手柄，就会产生向下按压的直觉，无师自通地明白它的用法。根据人体的尺寸和动作，设计物品的外形，自然地引发人们的使用行为，这个杠杆手柄是个极好的例子。

其次，材质也很重要。杠杆手柄的主体是用耐久性较强的金属制成的，为了提高手柄的柔软性和亲切感，使人产生一种想伸手触摸的欲望，手握的部分用皮绳缠了起来。另外，像下图介绍的报刊架，把文化性与生活习惯也融入设计之中，都是很优秀的设计。

不解释也能自然地传递使用信息，想做出这种以物品引导行为的设计，首先要关注生活中许多不经意的行为。

一看就会用的架子

艾诺·阿尔托设计的报刊架。看外形就知道物品应该放在什么位置。

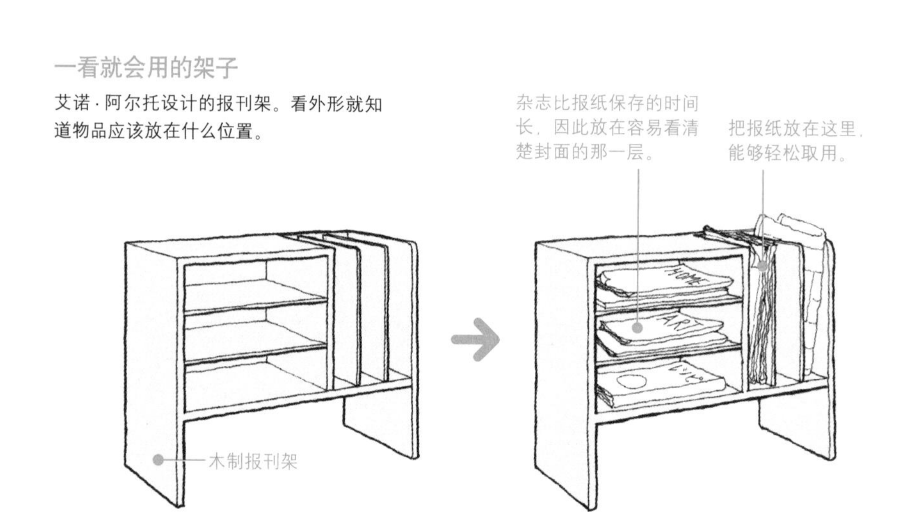

引导使用行为的设计

让人想触摸的手柄

阿尔托夫妇设计的杠杆手柄。外形给人一种一握住就自然地想向下按压的直觉。主体部分用耐久性较强的金属制成，通过在手柄上缠绕皮绳来提示手应当握住的位置。

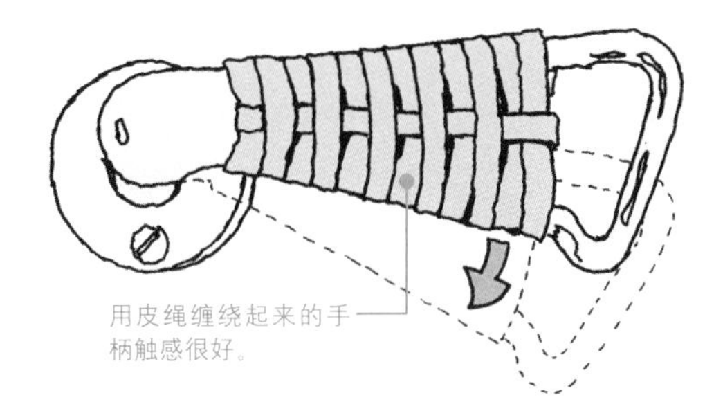

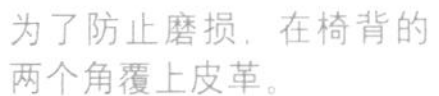

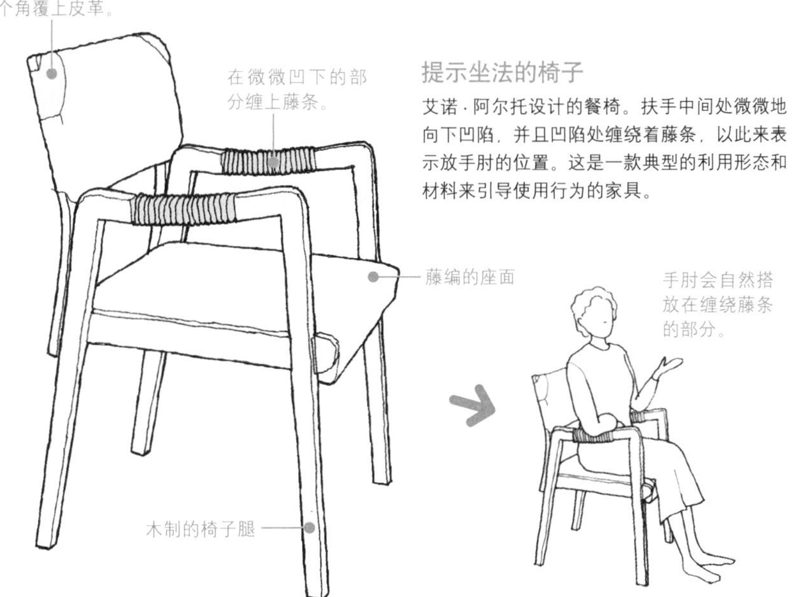

提示坐法的椅子

艾诺·阿尔托设计的餐椅。扶手中间处微微地向下凹陷，并且凹陷处缠绕着藤条，以此来表示放手肘的位置。这是一款典型的利用形态和材料来引导使用行为的家具。

便于躺卧休息的凹陷处

格瑞设计的在室外享受日光浴时专用的凹陷处。人体曲线决定了凹陷处的形状，从而提示人们休息的场所。

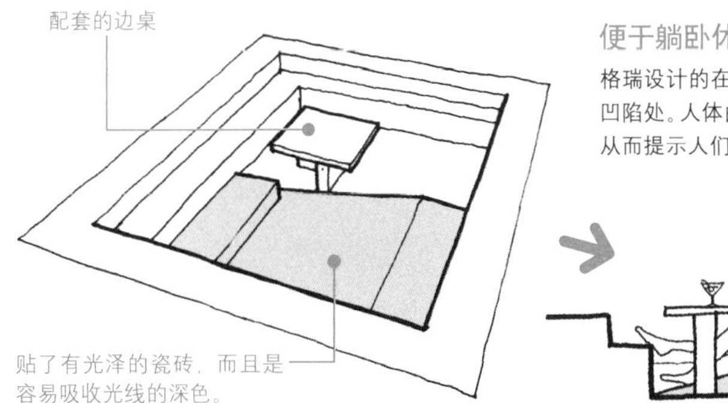

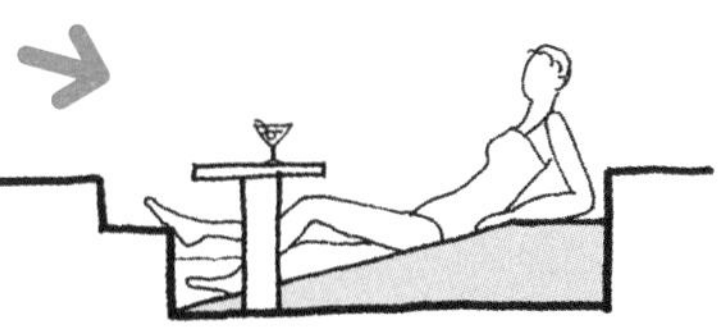

吸顶灯 / 马里安 · 布朗特

并不是只要亮就好

最常见的吸顶灯能够均匀地照亮整个房间，但这样的房间往往缺少优雅的氛围。

吸顶灯通常用环形荧光灯作为光源。一盏灯就能够均匀地照亮整个房间。但是因为光线缺少明暗的变化，单调、没有特色，所以受到灯具设计师们的强烈批判，被认为是灯具里的反面代表。

吸顶灯原本是指可以直接安装在天花板上的所有照明设备，并非专指荧光灯一种。吸顶灯可以把天花板和地板之间的空间都照得很明亮，它活跃在各个房间里，非常方便。布朗特设计的安装在天花板上的球形玻璃灯罩，适用于房间也适用于走廊，外观简洁。它与所谓的吸顶灯相去甚远，因为使用了暖色系的灯泡，所以房间演绎出温和的氛围。

一般情况下，所有房间都可以装吸顶灯，但在卧室安装吸顶灯时要注意。躺在床上的时候，光线如果直接射入眼睛会产生眩晕感甚至影响睡眠，所以不要把吸顶灯设置在光线会直射入眼睛的位置。卧室里可以考虑有效地利用间接照明，营造出优雅宁静的氛围（详见MEMO）。

安装吸顶灯的要点

吸顶灯也可以美观

布朗特设计的吸顶灯。原本是由乳白色玻璃和铝制成的。球形玻璃灯罩的直径约为400毫米。球形灯上面的三根吊绳拉长后还可以变成下坠式吊灯。不论什么房间，都可以使用布朗特这款设计简洁的吸顶灯。

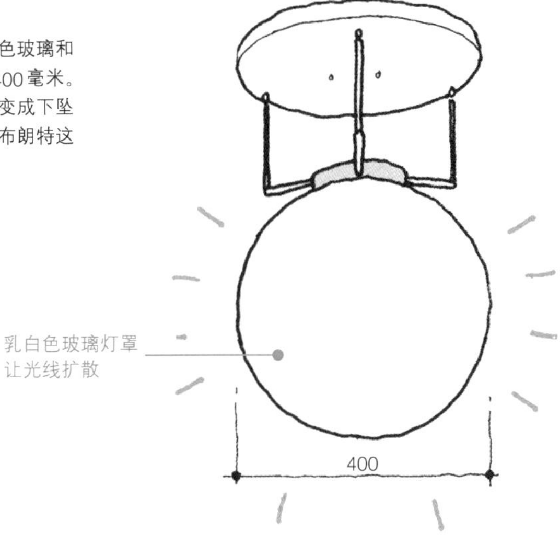

卧室照明设计应当注意

一般情况下，卧室里要避免直接的光线。建议安装聚光灯或床头灯等。平时，为了让房间更明亮需要安装吸顶灯的话，要尽量选择可以调节光线强弱的灯具。

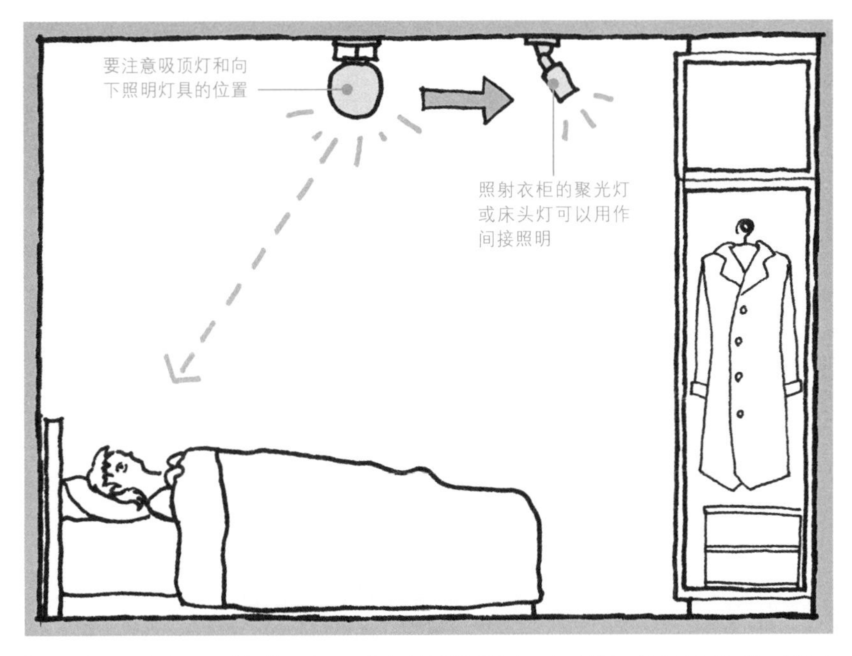

【MEMO】晚上起夜上厕所的时候，如果把整个房间都照得通亮，会很刺眼，很容易吵醒同伴。躺在床上时，在光源不能射入眼睛的位置上安装脚边灯，也是不错的选择。

适合聚会的客厅

客厅是住宅里用途最不明确的空间，却占据着最好的位置。如果住宅里没有客厅，家就变成只是睡觉的地方了。现在流行的合租公寓的魅力就在于客厅是共享的房间。客厅不仅是家庭成员聚集在一起的地方，也可以和其他亲友在这里一起放松、沟通。有客厅，才称得上是完整的家。

客厅里的家具和布局以居住者舒适为宜，设计时还应当考虑到客厅是招待客人的空间。客人在远离喧嚣的房间里会感觉比较放松、舒适。因此，从某种程度上来说，客厅宽敞十分必要。

贝里安设计的巴黎公寓的面积大约 60 平方米。但是她在设计时缩减了卧室和餐厅的面积，以确保客厅的面积达到 24 平方米以上，并且在这个空间里用 L 型长椅代替沙发。虽然看起来很简约，但绝不会落入俗套，是一个让人长时间待着的空间。称得上是客厅设计的典范之作。

沙发周围的基本尺寸

客厅里的家具，最基本的就是沙发。组合沙发的基本尺寸如右图所示。至少要占 2 叠榻榻米的空间，是比较大的家具。

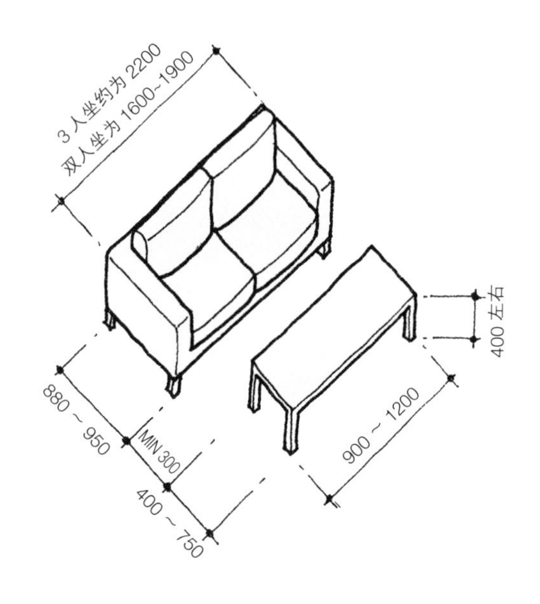

让所有人都能放松

客厅基本布局示例

沙发的大小以及摆放方向会影响房间的氛围。以前，人们常会采用把暖炉设置在房间中央，现在这种布局只有在电视里才会看到。

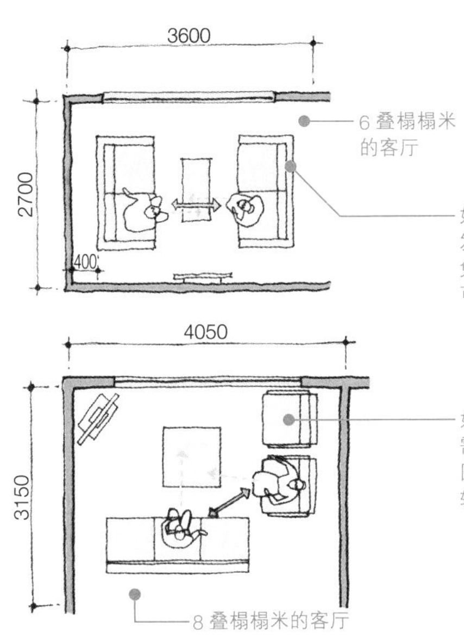

如果两张沙发相对摆放，必须是小沙发。坐在沙发上的人常常会四目相对，便于交谈，但有时难免尴尬。这种布局还要考虑坐在两侧沙发上的人可以同时看到窗外的景色或看电视。

如果将沙发呈L形摆放，把沙发作为直角的两条边，需要的空间比较大。坐在沙发上的人，谈话时氛围比较轻松，不受约束。向窗外看去，视野也比较开阔。

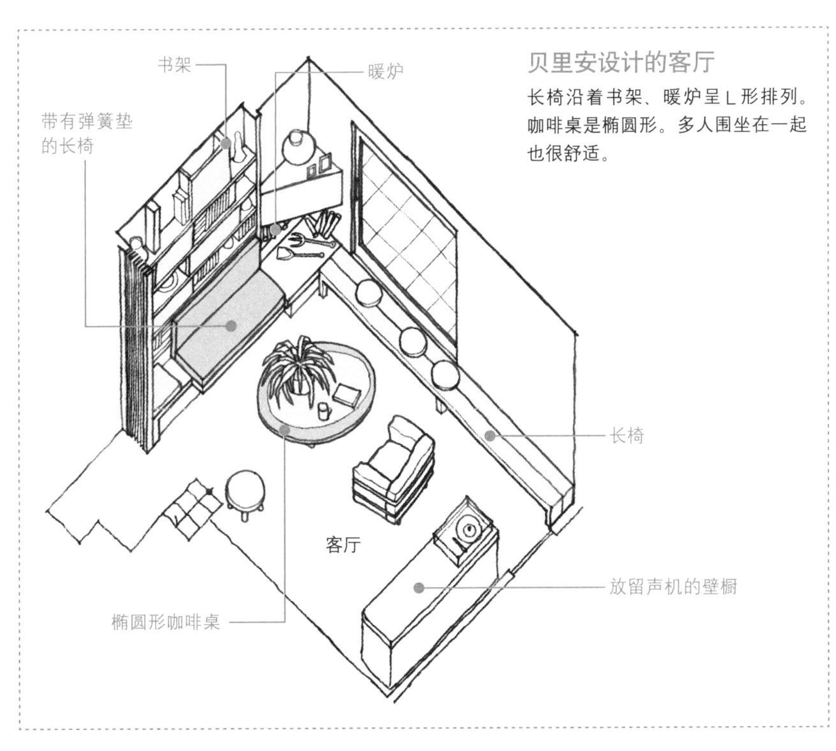

贝里安设计的客厅

长椅沿着书架、暖炉呈L形排列。咖啡桌是椭圆形。多人围坐在一起也很舒适。

达那住宅 / 弗兰克 · 劳埃德 · 赖特、玛莉安 · 格里芬
小户型样板房 / 艾诺 · 阿尔托

窗边族的推荐

在办公室，靠窗的座位常被认为是不理想的位置，但在住宅里却是一个魅力无穷的场所。特别是在西欧，由于阳光能够通过打开的窗户直射进来，所以窗边的位置是休息和冥想的绝好空间。窗边空间得到有效利用的一个方法是，在窗户周围设计可以坐的地方。并不是在窗前随便摆放几张椅子，而是要体现窗户和房间浑然一体的感觉。

格里芬在赖特的建筑事务所工作时，曾担任达那住宅的设计师，她在餐厅靠里位置的窗口处设置了壁龛，沿着窗户摆放了长椅，壁龛处的天花板高度较低，恰好与餐厅其他地方的通顶设计形成鲜明的对照。餐厅是为用餐而设计的，但格里芬设计的餐厅为一个人安静思考或者几个人聚在一起聊天提供了绝佳的空间。

在充满魅力的窗边，与其摆放家具，不如根据具体情况定制家具。没有必要太华丽，但一定要和窗边的环境相映生辉，让窗边空间呈现丰富的美感。

把窗边的空间活用为外廊

为了防止冷空气的侵袭，需要在窗边安装取暖设备，但是暖气看起来十分显眼，最好是在窗户下面安装一个架子。不仅可以遮住取暖器，还可以摆放一些观叶植物来衬托窗边的景色。架子的长度要尽量和窗宽保持一致。右图为艾诺 · 阿尔托的设计。

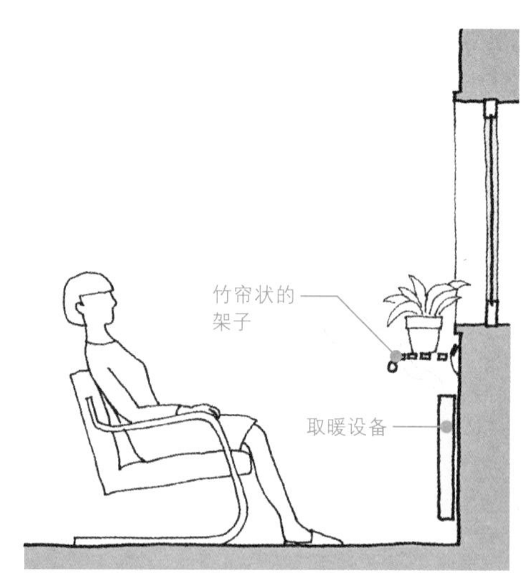

打造窗边空间的关键

窗边座位的设计应当考虑与房间的风格统一

赖特的建筑代表作有拉金公司行政办公总部大楼、达那住宅和劳伦斯纪念图书馆。其中，达那住宅这座大豪宅的餐厅采用了通顶设计，最多可以同时招待四十余位客人。餐厅靠里的部分是半圆形的大壁龛，窗户沿着壁龛的圆弧排列。窗边座位的布局、天花板的高度、房屋与家具的板材、窗户的深度等因素都要纳入设计之中。

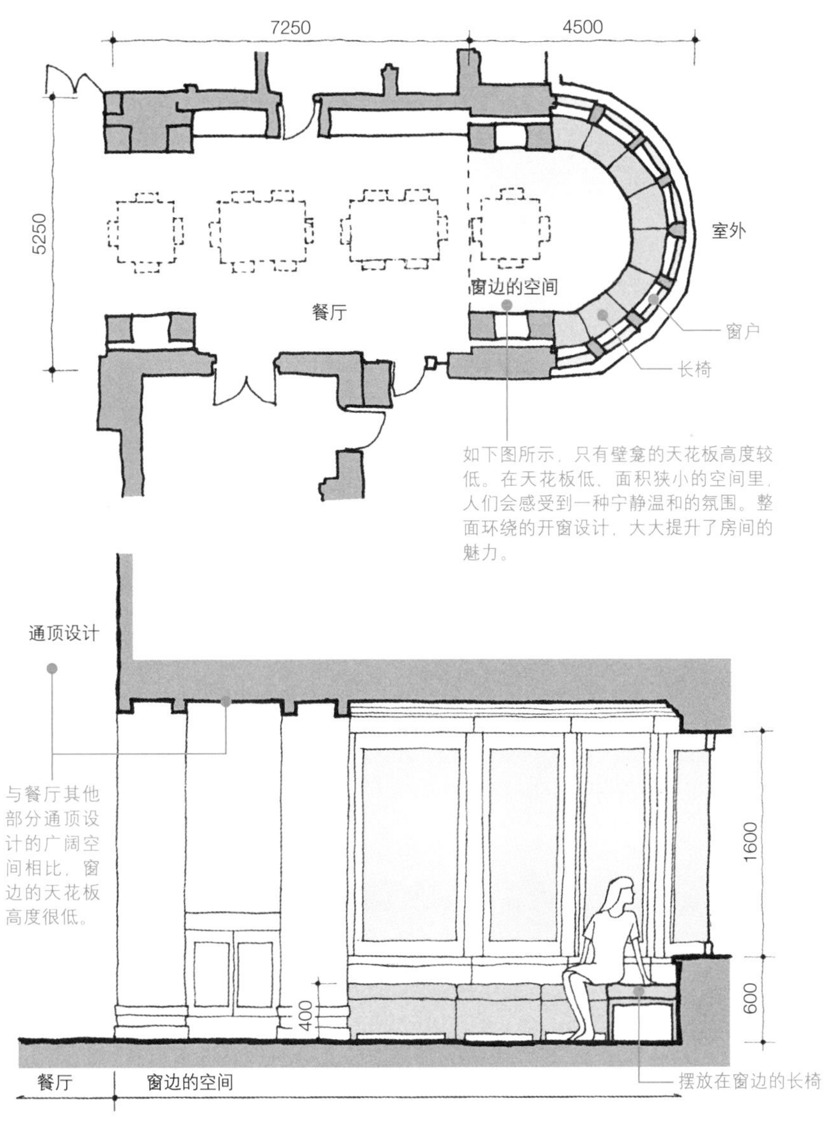

注：上图尺寸是根据照片推测出来的，仅供参考。

书桌 / 图卢斯·施罗德·施雷德&格里特·里特维尔德

让书桌成为客厅的中心

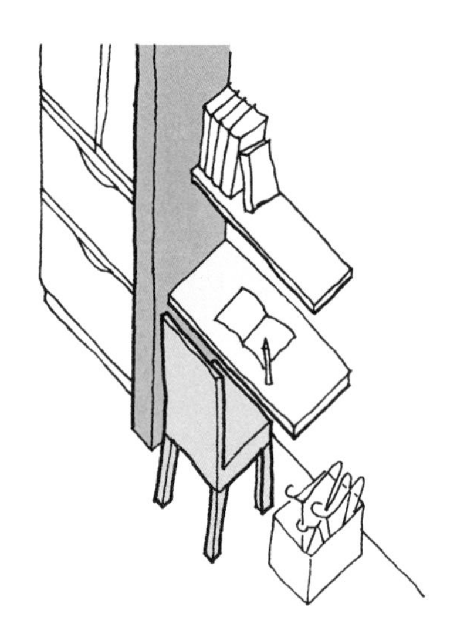

厨房旁边常会有一个可以做简单家务的小空间，有时非常狭小……

如今，在家里工作的人越来越多。主妇在家工作的好处是可以在工作之余做家务。但是有一个关键问题，就是应当确保专属的工作空间。从方便做家务的角度来考虑，把这个工作空间设在餐厅或客厅里比书房更合适。餐桌可以兼作书桌，但用餐的时候收拾起来非常麻烦。因此，建议在客厅里放一个书桌。不是放一个如上图所示的面向墙壁的小书桌，而是兼有收纳功能、从多个方向都可以使用的独立书桌，把这样的书桌放在可以环视整个客厅的位置上，既能有效地工作，做家务又方便。

图卢斯·施罗德·施雷德和格里特·里特维尔德在“单间公寓”（one room）客厅和餐厅的中央设置了大书桌，还兼有间隔房间的功能。如果空间有限，摆放大书桌非常困难，小书桌也可以充分发挥作用。家人不在时，整个客厅成为一个书房；家人团聚时，除了看电视之外的其他活动都可以在这里进行，书桌占据了住宅的中心之后，我们也许会随之邂逅新的休闲方式。

取代书房的大书桌

既能学习、工作，还能收纳

这个书桌最早摆放在图卢斯·施罗德·施雷德和格里特·里特维尔德设计的伊拉斯谟低层住宅区的样板房里。因为其功能强大，后来作为独立商品出售。

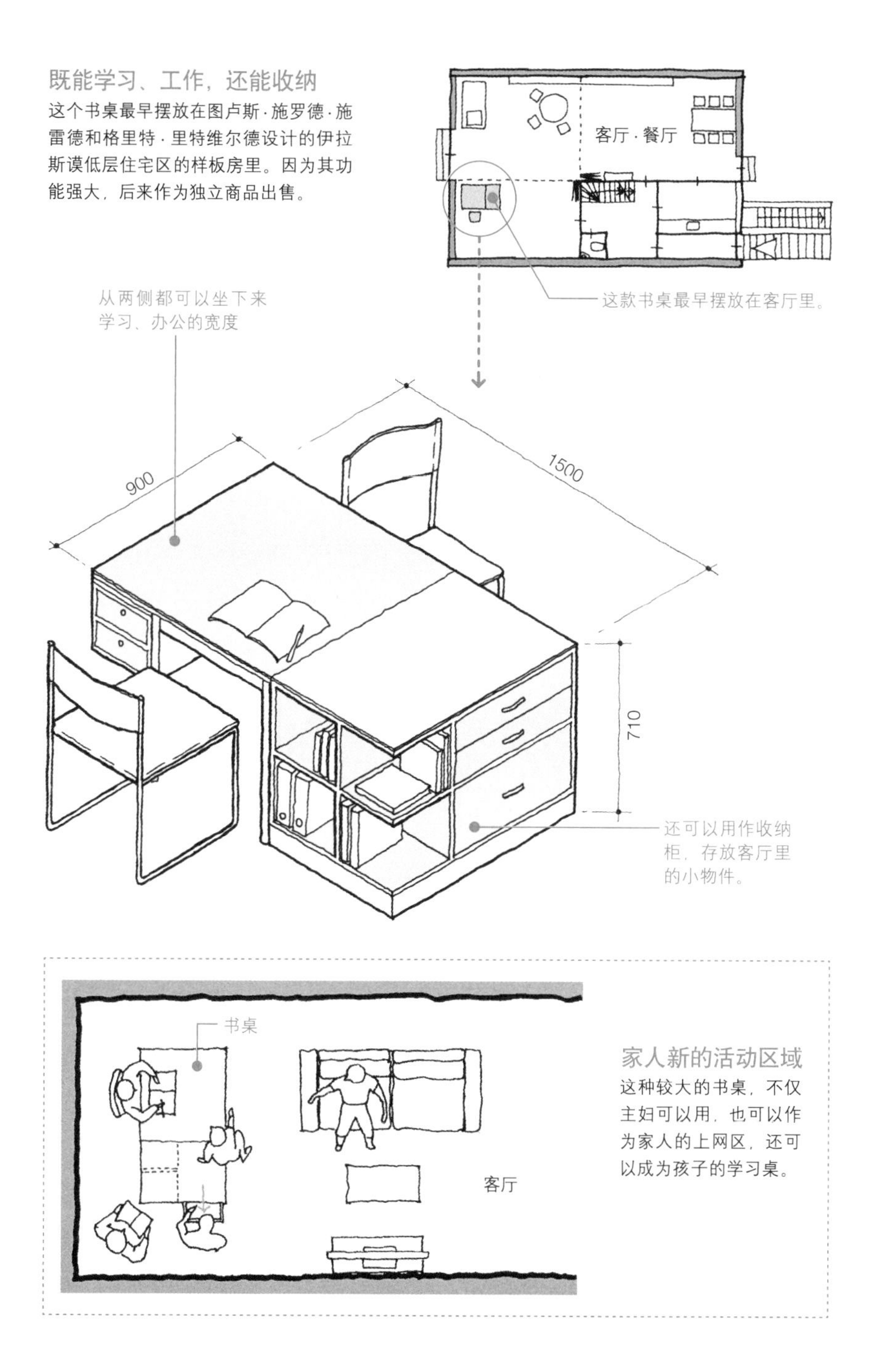

家人新的活动区域

这种较大的书桌，不仅主妇可以用，也可以作为家人的上网区，还可以成为孩子的学习桌。

COLUMN

4 挖掘里特维尔德才能的女性

图卢斯·施罗德·施雷德

相关作品

参见第50、54、86、114、128、162页

不画设计图的个性设计师

图卢斯·施罗德·施雷德没有受过设计方面的专业教育，也没有画过设计图。但是她作为格里特·里特维尔德的共同设计者，一起设计了施罗德住宅，是名符其实的设计师。她在建造施罗德住宅的设计提案中注入了新鲜的创意，最大限度地挖掘出了里特维尔德的创造力。

两个人最初相遇的时候，还只是家具工匠和顾客的关系。从相识开始，施罗德就感觉到里特维尔德的身上杰出的才能。十几年后，两人再次相遇，共同完成了施罗德住宅的设计，并且在施罗德住宅的一楼开设了建筑事务所。里特维尔德当时已有妻子并且育有六个孩子，他和施罗德之间的恋情在当时被看成丑闻。于是，他们对这段感情缄口不言，以淡泊的心境相互扶持，一直保持着共同设计的合作关系。

妻子死后，里特维尔德搬到施罗德住宅。里特维尔德离世后，施罗德也一直在这里居住，直到她生命的最后一刻。这两位在建筑界拥有罕见杰出才能的设计师之间的情感孕育出了举世闻名的作品。

建筑设计术语集

施罗德住宅

1924年为施罗德夫人及其三个孩子设计的施罗德住宅是里特维尔德的代表作。这座住宅是当时荷兰流行的风格派艺术主张在建筑领域的代表作品，2000年被选入世界遗产。

格里特·里特维尔德

荷兰建筑家。最早是家具设计师，代表作有红蓝椅等。

COLUMN

5 中世纪现代派女设计师

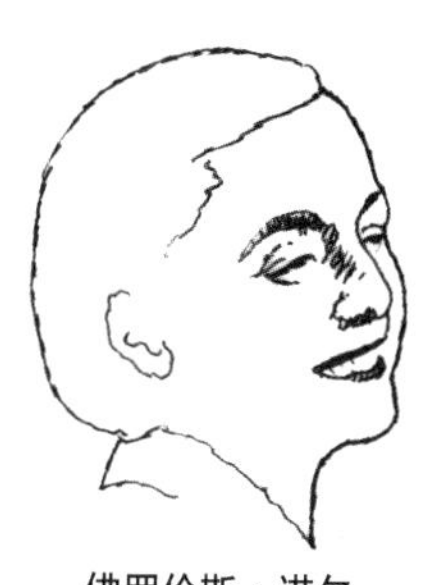

佛罗伦斯·诺尔

➔参见第56页

蕾·伊姆斯

➔参见第58、64、102、104、118、158页

邂逅人生佳侣、充分展现才华

堪布鲁克艺术学院是美国密歇根州著名的建筑设计学院。1940年前后，中世纪现代派的大多数重要建筑师都集结在这里。蕾·伊姆斯就是其中一员，她是校长儿子埃罗·沙里宁和特别研究员查尔斯·伊姆斯的助手，后来与查尔斯结为夫妇。至此，美国建筑史上最强大的设计师夫妇诞生了。

佛罗伦斯·诺尔从堪布鲁克艺术学院毕业后，进入刚成立不久的诺尔家具制造公司工作，很快就成为公司董事长汉斯的得力助手，后来与汉斯结为连理。他们也被看作是家具制造界的最强情侣。佛罗伦斯利用自己的人脉，与埃罗·沙里宁和密斯·凡·德·罗成功地签订了家具制造权与贩卖权的契约。还向自己的同窗查尔斯·伊姆斯提出签约的想法，遗憾的是最终双方没有达成协议。佛罗伦斯设计的“诺尔沙发”使她成为现代家具设计的先驱。

建筑设计术语集

中世纪现代派

指1940~1960年设计的建筑和家具等。源于20世纪初重视科技的现代主义，提倡简洁、合理并且能够投入大量生产的设计，也非常注重怀旧氛围。

埃罗·沙里宁

美国建筑家，主张用混凝土框架结构诠释表现主义建筑，20世纪50年代风靡一时。

基本要点

什么时候坐在椅子上?

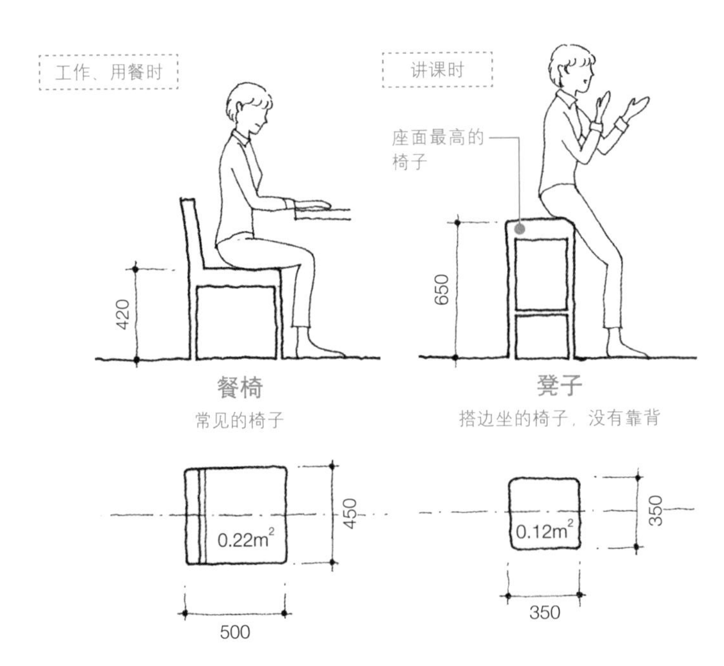

我们什么时候坐在椅子上？如勒·柯布西耶所说，讲课的时候坐在较高的椅子上便于活动；谈笑的时候坐在有扶手的椅子上显得彬彬有礼；休息的时候坐在较矮的椅子上更轻松；如果坐着的时候能把脚抬高搭在搁脚凳上会得到全身心的放松。虽然都是椅子，但是坐在椅子上做的事情不同，形态也有很大差异。

首先，椅子通过高度分类。而且一般情况下，座面的面积与椅子的高度呈反比。比如，坐在凳子上时，如上右图所示，基本上保持一种和站立差不多的姿势搭边坐，座面的面积很小。相反，如果是躺椅，人躺在较低的位置上，椅子与身体接触的面积很大，座面也因此变大。说起来，椅子的高度与坐的时间也呈反比。

勒·柯布西耶还说过，工作时坐在座面狭窄的高椅上是一件痛苦的事，但这样的椅子具有让人保持头脑清醒的作用，适合工作时坐。

根据目的划分椅子的种类

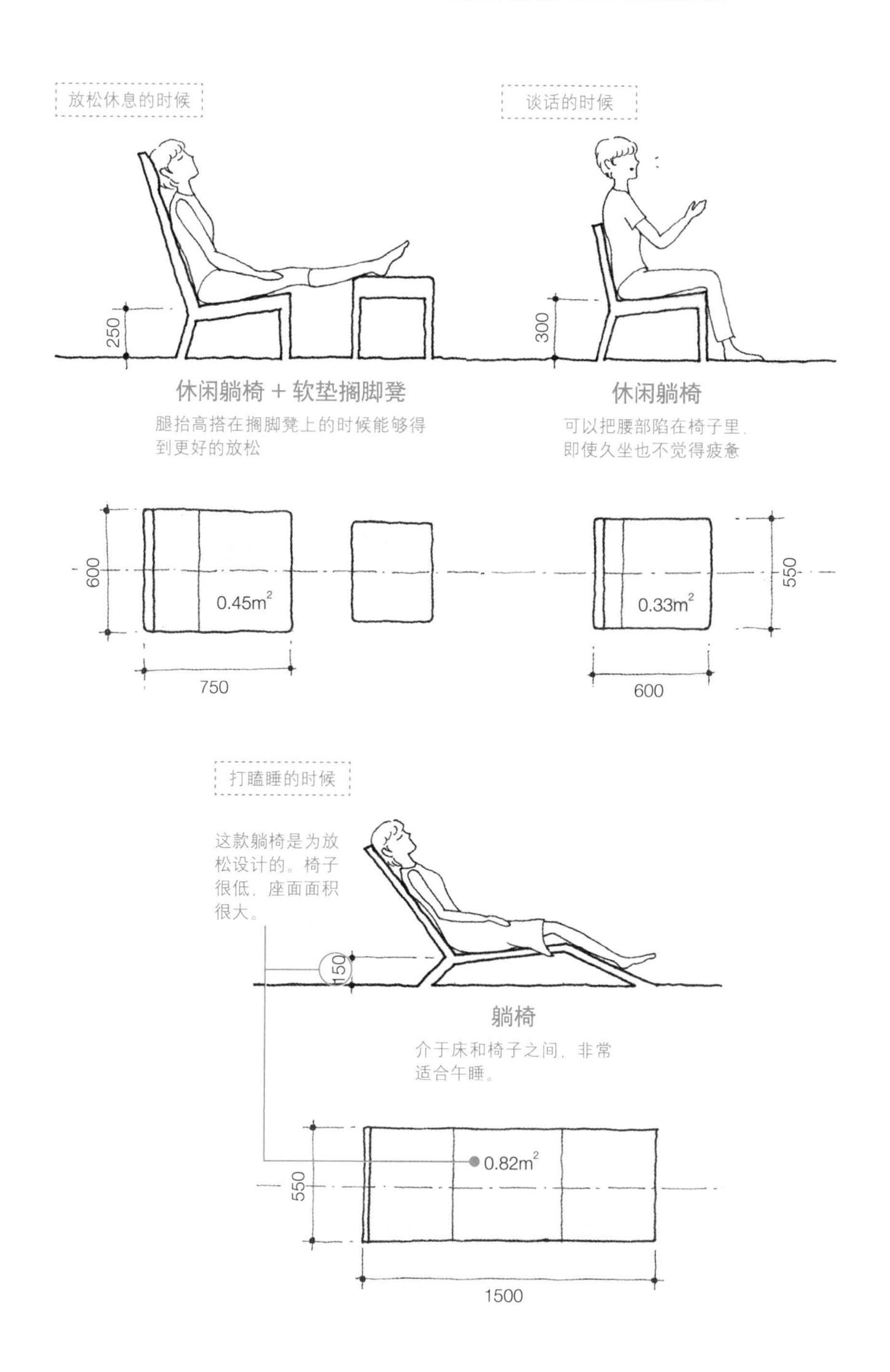

甲板躺椅 / 艾琳 · 格瑞
柯布西耶躺椅 / 勒 · 柯布西耶、吉纳瑞特、夏洛特 · 贝里安

贴合人体曲线的椅子

吊床会随着人体的姿势改变形状，躺在上面感觉很舒服。

当人们的紧张松弛下来的时候，两只脚站立的状态会慢慢地转为把身体倚靠在其他东西上休息的姿势。正如前文所说，人们的坐姿因人而异，特别是放松状态下的姿势，千差万别。

身体贴近形态固定的家具时，要根据家具的形态改变姿势。与此相反，吊床的舒适性在于，可以随着人体躺卧的姿势改变形态，不需要人调整姿态。

难道家具不能像吊床一样随着人体的自由活动而改变形态吗？从这种构想出发而诞生的椅子，将在下一页着重介绍。甲板躺椅把皮革弹簧垫挂在躺椅上，可以像吊床一样根据休息时的姿势随意地改变形态。另一款柯布西耶躺椅（Chaise Longue）让人们不管朝哪个方向倾斜，身体都可以保持安稳的姿态，接纳每个人小憩时不同的身体形态。

追求坐姿的舒适性

研究人体的姿态

随着人们的紧张感逐渐松弛，与家具和地板接触的面积也逐渐变大。

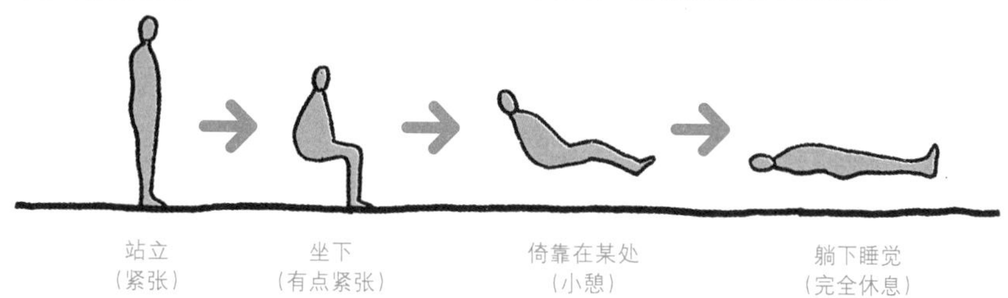

重现吊床的舒适性

格瑞设计的甲板躺椅。木制的框架上挂皮革弹簧垫，躺椅的形态可以随着人体姿态改变。靠背的角度可以调整，既可以坐着，也可以倚靠在躺椅上。

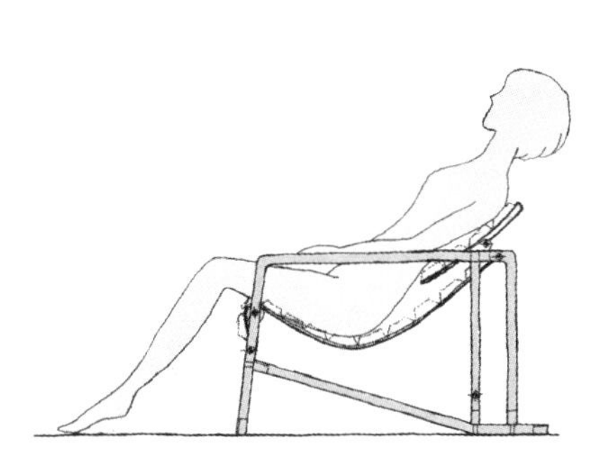

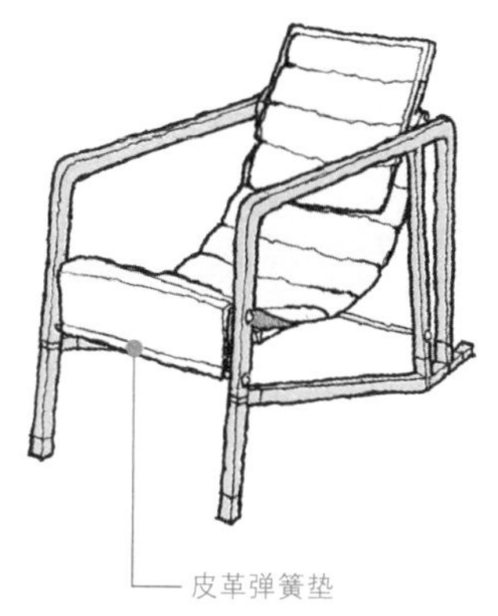

可以连续改变倾斜度的躺椅

这款躺椅被称作LC4。贴合人体曲线的设计，人可以向任意一个方向自由地倾斜。人们能随意改变脚抬起的高度，但躺下以后就不能再调整了。

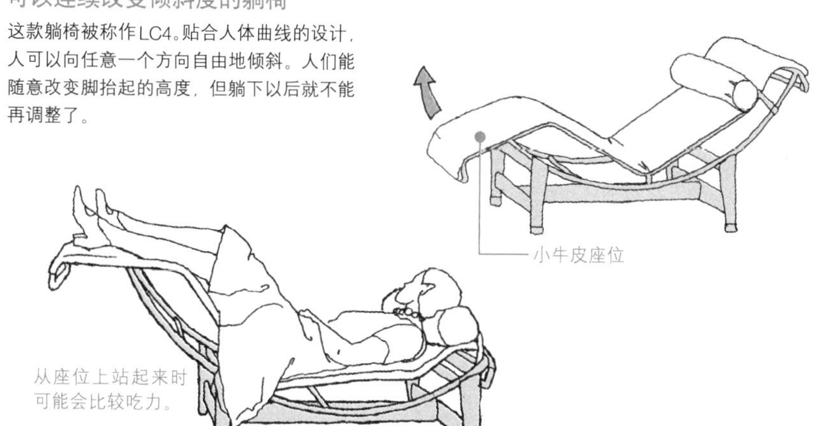

MR 椅子 / 密斯 · 凡 · 德 · 罗　LR36/103 / 莉莉 · 莱克

有弹性的双脚椅

通常，四条腿的椅子稳定性最好，但如果想更柔软、更舒适，就要在椅子座面上放垫子。以前，垫子里装有小弹簧，具有一定的弹性(详见 MEMO)。

悬臂椅是整体框架有弹性的椅子。这种椅子利用富有弹性的框架结构代替椅子后面的两条腿来支撑重量。

关于是谁最先发现了这一原理众说纷纭，从 20 世纪 20 年代中期开始，许多设计师纷纷开始使用这种“弹簧结构”，他们利用金属管或成型胶合板等材料组成框架，设计出各种各样的椅子。

虽然原理相同，但设计师们的设计截然不同。比如，密斯·凡·德·罗设计的 MR 椅子，椅子腿的前部是半圆形的弧线设计，在悬臂椅中姿态最优美。莉莉 · 莱克设计的椅子，虽然是很平常的设计，但是不仅依靠框架整体的弹性，还配合使用了弹簧垫，再加上包围式的靠背，大大提高了椅子的舒适度，让人充分感受到了设计师的良苦用心。

利用弹簧的原理设计的椅子

密斯 · 凡 · 德 · 罗设计的 MR 椅子

单是椅子前腿优雅的半圆弧线，就充分展现出悬臂椅的轻快感和悬浮感。这款椅子因为弹性过强，曾经把用力坐在椅子上的人弹出去。

简单的结构彰显设计师的个性

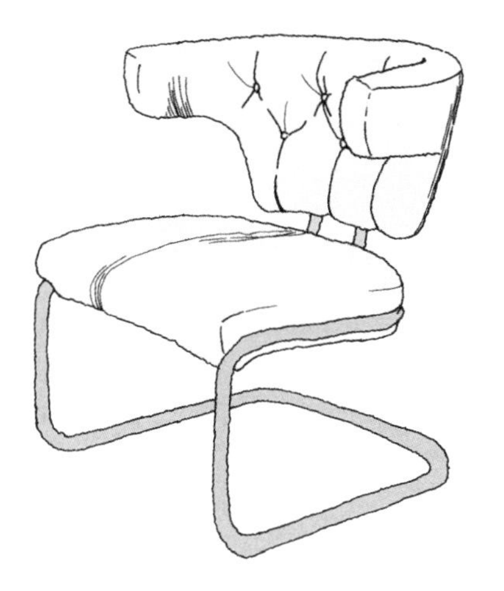

莉莉・莱克设计的 LR36/103 椅子

这款椅子在悬臂椅的框架上附加轻盈舒适的灯芯绒坐垫和靠背。为了追求舒适性，莱克做了很多尝试。

从弹簧得到启发的悬臂椅结构

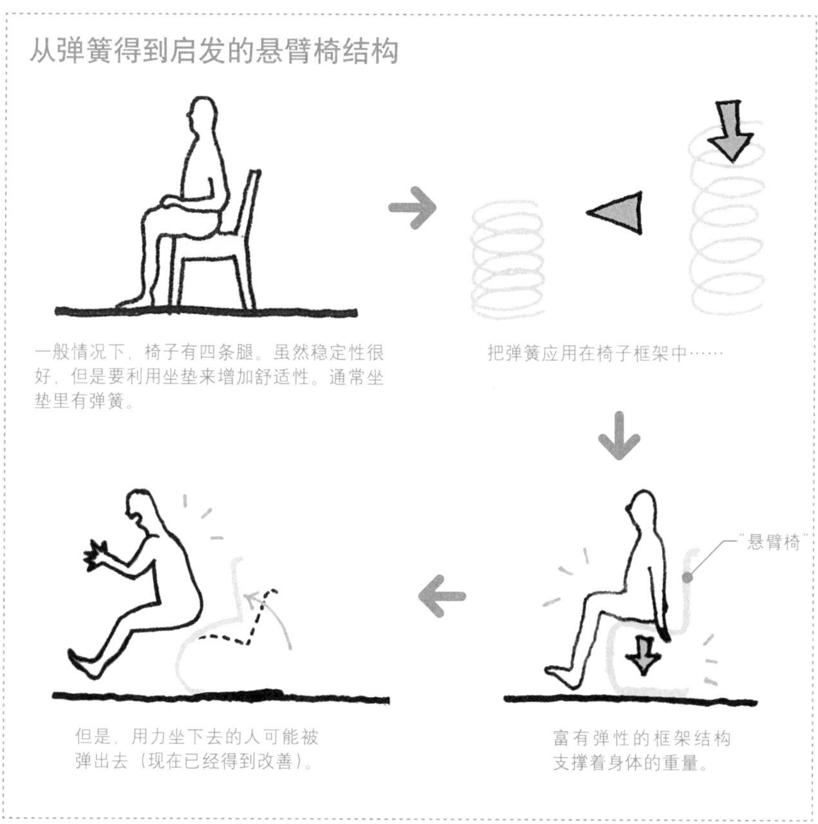

一般情况下，椅子有四条腿。虽然稳定性很好，但是要利用坐垫来增加舒适性。通常坐垫里有弹簧。

把弹簧应用在椅子框架中……

富有弹性的框架结构支撑着身体的重量。

但是，用力坐下去的人可能被弹出去（现在已经得到改善）。

【MEMO】现在弹簧垫已经被富有弹性的人造橡胶坐垫取代。其实，弹簧垫的耐久性更好，坐下的时候也更舒适。

不对称椅子（non-conformist chair）/ 艾琳 · 格瑞

左右不对称会让女性看起来更美丽？

吉普赛舞蹈中，女性常常穿着左右不对称的裙子，这样更能凸显女性的美丽。而男性的衣服基本上都是左右对称的款式。

大部分家具都是成对称的形式，特别是椅子，基本上是左右对称的形态。但是，人们并不是一直保持着左右对称的坐姿，有时候，随意的坐姿看上去更美。既然这样，设计出展现随意状态下坐姿的自然美感的椅子，不也很好吗？

这里介绍的就是艾琳 · 格瑞设计的一款罕见的不对称椅子。格瑞希望坐在椅子上的人能够更自由地活动，基于这种考虑，她设计了只有一边扶手的椅子。人坐下时如果把两只手肘都搭在扶手上，左右对称正襟危坐的坐姿会让人感觉拘束。而椅子只有一只扶手时，另一侧的手肘不仅可以自由活动，整个身体也可以倚靠在有扶手的一侧，从而使身体的整体曲线呈现出柔和的不对称美感。

虽说这种椅子能够充分展现出女性的魅力，但它并非专为这个目的而设计。这种不对称椅子是“不墨守陈规的人的椅子”，拥有不随波逐流的个性，懂得如何展示自身的美丽，非常适合像格瑞这样自立的女性。

不矫揉造作的自然美的秘密

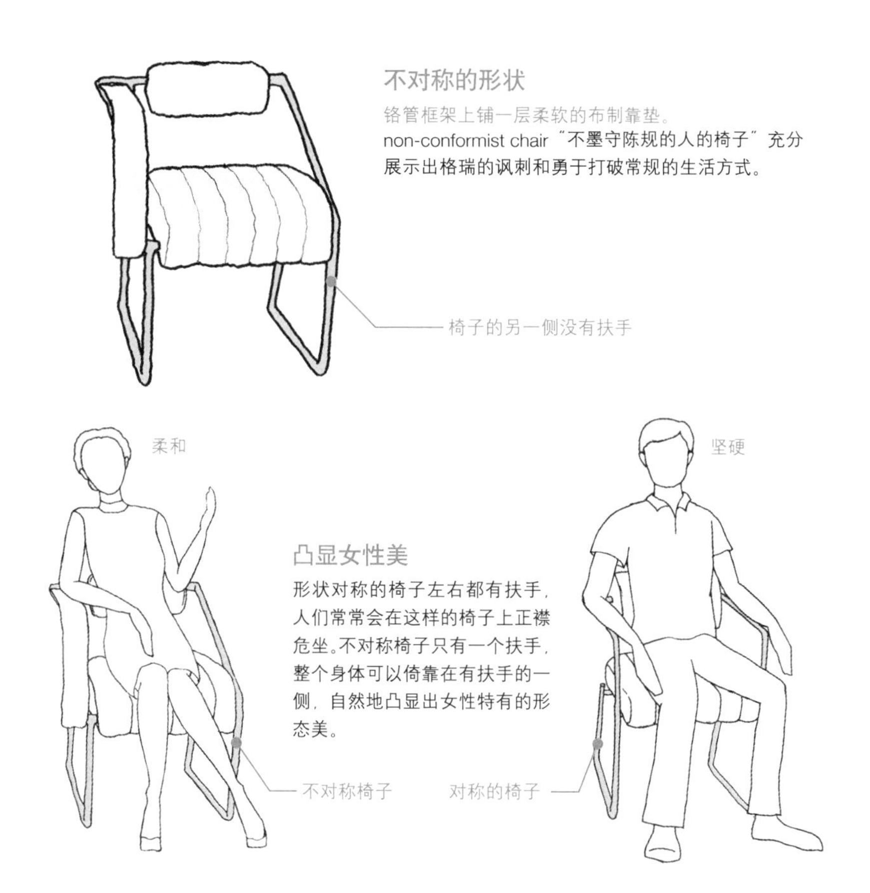

不对称的形状

铬管框架上铺一层柔软的布制靠垫。
non-conformist chair“不墨守陈规的人的椅子”充分展示出格瑞的讽刺和勇于打破常规的生活方式。

凸显女性美

形状对称的椅子左右都有扶手，人们常常会在这样的椅子上正襟危坐。不对称椅子只有一个扶手，整个身体可以倚靠在有扶手的一侧，自然地凸显出女性特有的形态美。

因为是“不墨守陈规的人”

这款椅子摆放在客厅里时只放一把比较好。这样更能烘托出坐在椅子上的女性特有的美丽。

巴塞罗那椅 / 密斯·凡·德·罗&莉莉·莱克

向“宝座”学习

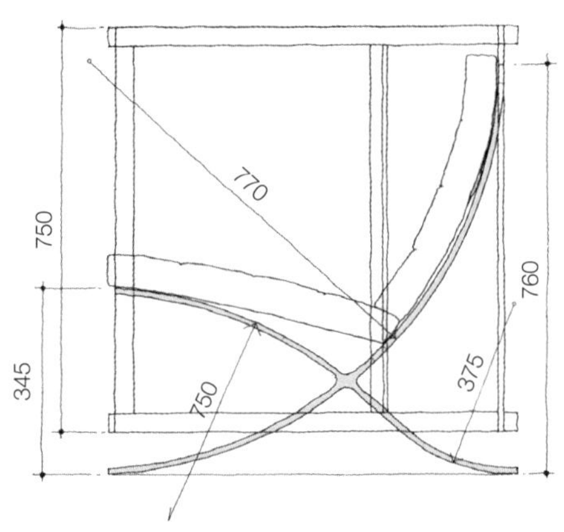

巴塞罗那椅的 X 型框架，严格按照尺寸设计。

巴塞罗那椅被认为是世界上最美的椅子。1929 年，在西班牙的万博会上，为了迎接国王夫妇的到来设计的这款椅子（详见 MEMO），是专门为国王设计的，也就是所谓的宝座。

既然是为国王设计的宝座，就一定要在现代化的外形中添加彰显国王尊严和气度的元素。优雅的 X 型钢铁框架是通过手工焊接和研磨一点点加工完成的。牛皮制的白色弹簧垫足够宽敞舒适。实际上，最初摆放在展览馆里的两把巴塞罗那椅，万博会期间并没有人坐过，但它完美的视觉体验已经完成了应尽的职责。

现在，这款椅子已改用不锈钢框架，普通人也可以坐上国玉的宝座。摆放这款椅子时，为了从任何一个角度都能充分领略它的美，应当尽量保证椅子的周围明亮、没有遮挡。这样，就可以尽情地享受像国王一样优雅尊贵的待遇啦!

观赏家具的空间

适合大空间的椅子

丝毫不逊色于玛瑙墙壁的椅子。在宽敞的空间里放几把，看起来有板有眼，营造出一种颇具威严的氛围。

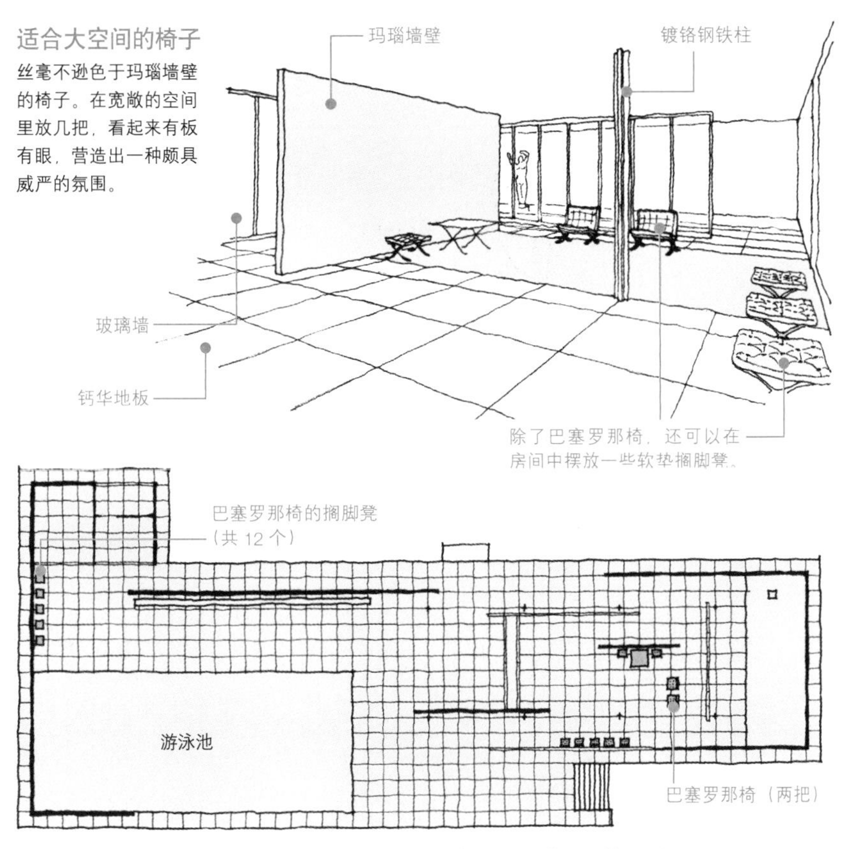

巴塞罗那展览馆的平面图（S=1:500）。工业化生产的玻璃和钢铁等新材料以及奢华的石材打造的空间。

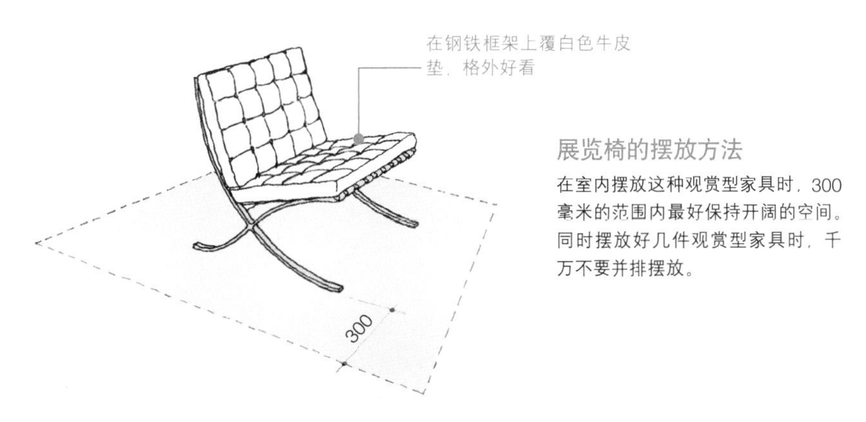

展览椅的摆放方法

在室内摆放这种观赏型家具时，300毫米的范围内最好保持开阔的空间。同时摆放好几件观赏型家具时，千万不要并排摆放。

【MEMO】现代主义建筑四大巨匠之一的密斯·凡·德·罗建造了巴塞罗那展览馆。该馆原来是万博会的德国馆，万博会结束之后被拆除，1983 年西班牙政府在巴塞罗那重建了这一建筑。

LC2/ 勒 · 柯布西耶、吉纳瑞特、夏洛特 · 贝里安

为大体格设计的家具

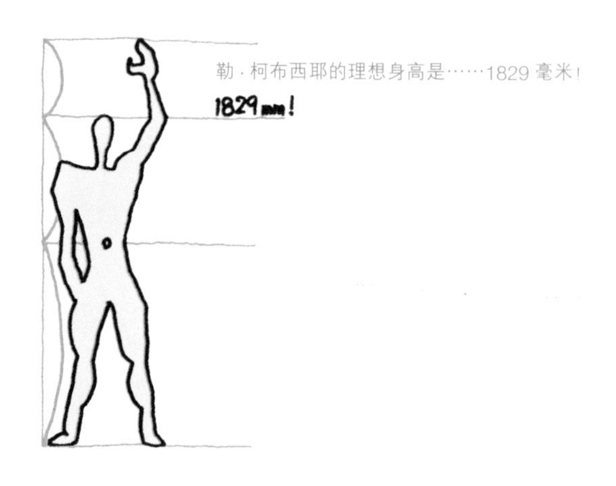

憧憬已久的家具名品，只要买回来就满足了？家具只有在使用之后，才能体现真正价值。人们与家具接触时，也期望把家具融入日常生活中。但是，日本住宅与盛产家具名品的西欧在空间风格上有很大的差异。而且，家具使用者的体格和生活习惯完全不同，所以想把欧洲的家具名品融入自己的住宅，要花费很多心思。

这种差异体现在椅子上，最突出的是座面的高度。与欧洲人相比，日本人身材相对矮小，而且在家里有脱鞋的习惯，脱掉鞋子后，减掉鞋底 20 ～ 30 毫米的厚度，又矮了一些。欧洲椅子的标准高度一般是 450 毫米左右，如果直接在日本使用这个高度的椅子，坐上去可能会脚够不到地板，好像漂浮在椅子上，缺乏安定感，达不到一种轻松舒适的状态。

如果椅子腿是木制的，可以锯掉十几厘米。如果是像“LC2”款式的椅子，椅子腿无法锯短，就要灵活地考虑椅子的使用方法。

经典家具设计大揭秘

铁管框架上覆弹簧垫的简洁设计

这款名为〞大安乐（Grand Comfort）〞的沙发，俗称〞LC2〞。比这款沙发大一圈的，只有一层坐垫的沙发叫作〞LC3〞。

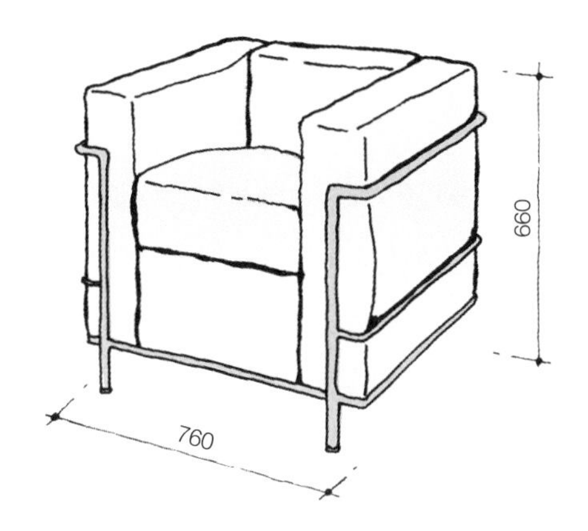

欧洲设计的家具对日本人来说有点大

身材高大，在室内穿鞋，基于欧洲人体格特征和生活习惯设计的椅子，座面的高度有475毫米。对欧洲人来说是非常宽敞舒适的尺寸，但往往不适合日本人。

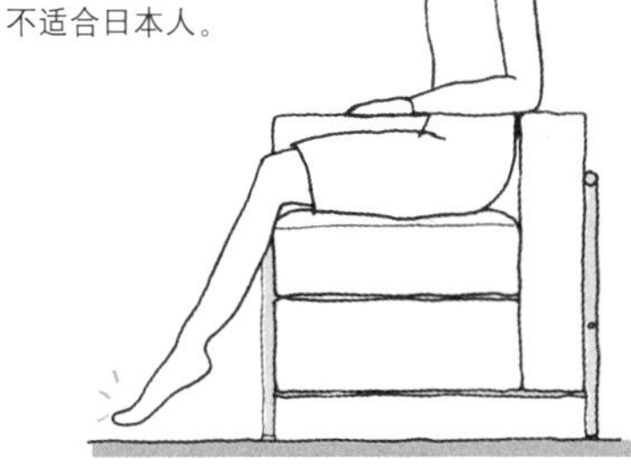

也可以这样……

来客人的时候，可以把上面一层坐垫取下放到地板上，这样不仅沙发的高度降低了，还可以让更多人就座。希望大家能够这样积极地考虑经典家具的使用方法，让家具名品与日常生活完美结合。

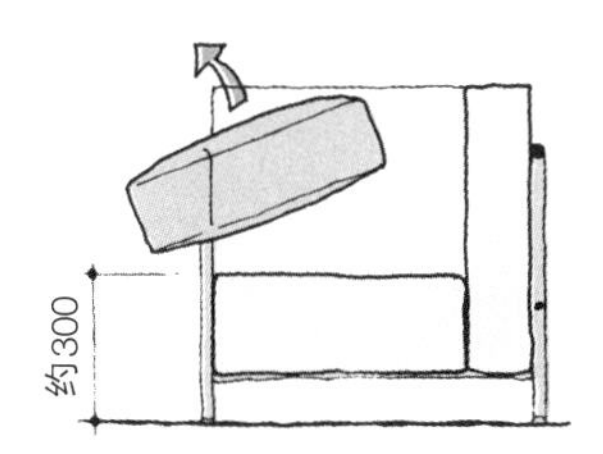

云朵椅（La Chaise）/ 查尔斯·伊姆斯&蕾·伊姆斯

用低成本的材料打造艺术椅

大家都见过塑料椅。要想制造座面和靠背连成一体，并完全贴合人体曲线的塑料椅，只有 FRP(Fiber Reinforced Plastic) 材料才能满足需要（详见 MEMO）。这种材质轻、不容易损坏，而且能够高效、大量生产的塑料椅的原型来自伊姆斯夫妻的经典设计。该款塑料椅自开发、上市以来，包括仿制品在内，也许是世界上产量最多的椅子。

这种常见的椅子有一个“特殊的兄弟”，名字叫作“云朵椅”。伊姆斯夫妇在纽约现代美术馆举办的低成本家居设计竞赛中展出了无扶手单人椅、扶手椅等作品，与此同时，也展出了一款受加斯东·拉歇兹的雕塑作品“漂浮物”启发而设计的躺椅。这款躺椅形态优美，不管从哪个角度来看都脱离了“低成本家具”的印象。伊姆斯夫妇铤而走险地携这一设计作品参赛，也许是想向世人证明：即使是低成本的功能型家具，除了实用性，完全可以兼顾美观。

塑料椅中的佼佼者

伊姆斯设计的椅子

伊姆斯设计的无扶手单人椅和扶手椅，颜色和椅子腿有各种变化。FRP 材料很难回收再利用，所以现在塑料椅基本采用聚丙烯材料。

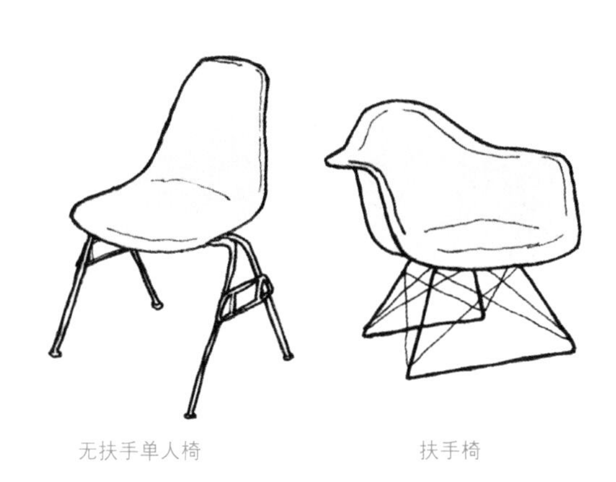

无扶手单人椅　　扶手椅

不拘一格的艺术感

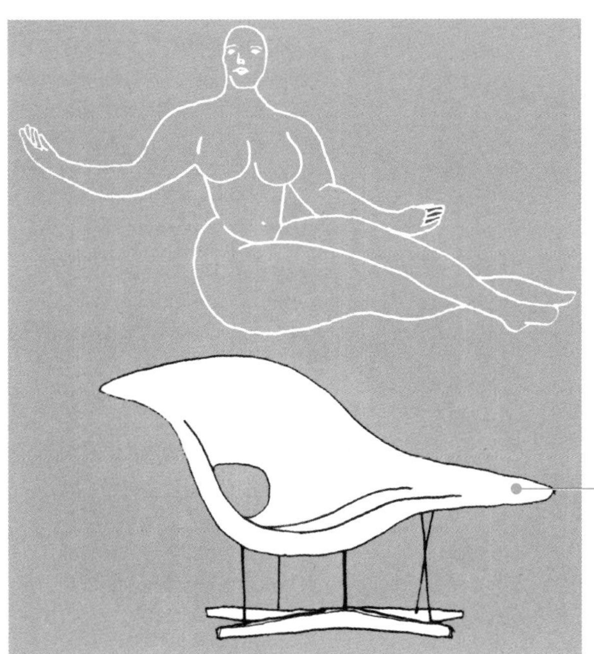

从雕塑“漂浮物”中获得灵感

躺椅的外形恰巧和加斯东·拉歇兹的雕塑“漂浮物”中的女性形态相似，呈现出云朵一样的形状。躺椅的主体由五根金属管支撑，呈现出飘逸的悬浮感。这种躺椅至今仍在生产，但价格是无扶手单人椅的几十倍。

拉歇兹躺椅（La Chaise）

这款椅子摆放在房间里时，为了更好地欣赏其美感，尽量不要放在靠墙的位置，周围要留出一定的空间。

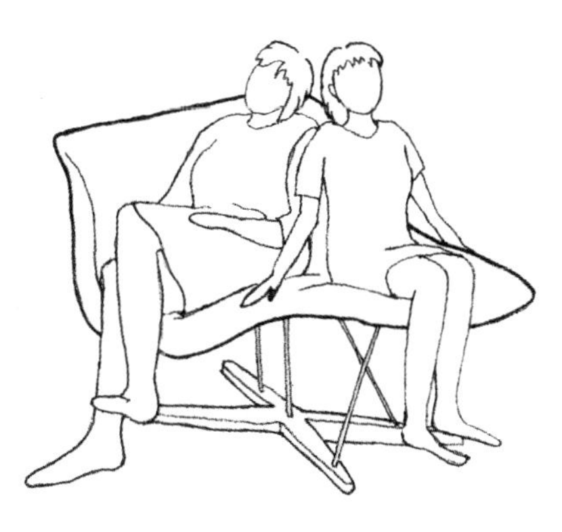

兼有实用的一面

这种颇具艺术感的形态，也兼具实用性。一个人可以躺，也可以坐，两个人一起坐也没问题。

【MEMO】FRP是在塑料里混合玻璃纤维强化后得到的材料。因为材质轻、坚固、不易腐蚀和耐久性等优点，在组合式浴室和净化槽中经常使用。

Chaise / 查尔斯 · 伊姆斯&蕾 · 伊姆斯

让人无法熟睡的安乐椅

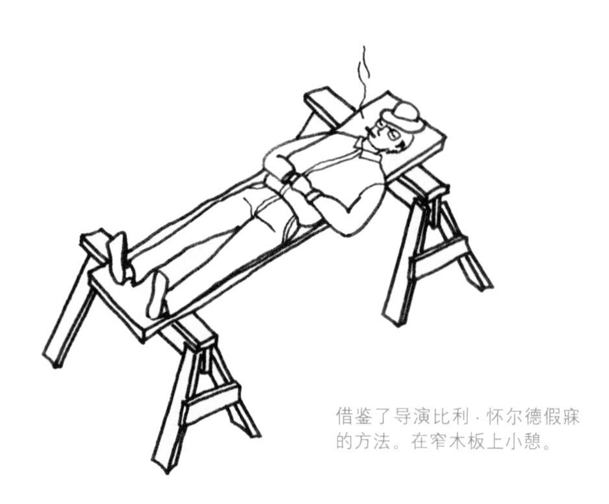

借鉴了导演比利 · 怀尔德假寐的方法。在窄木板上小憩。

本来是打算闭上眼睛思考问题，但是不知不觉迷迷糊糊地睡去……大概每个人都有过这样的经历吧。防止打瞌睡的方法有很多，甚至有人发明了防止熟睡的椅子。

电影界的大师级人物比利 · 怀尔德小睡的方法是，在墩座上搭起一个狭窄的木板，躺在上面假寐。伊姆斯夫妇听说后获得启发，设计了“让人无法熟睡的安乐椅”。这款椅子与人体曲线完全吻合，感觉非常舒适，但椅子的宽度只有 455 毫米，让人不能掉以轻心。这一宽度与人体的肩宽大致相同，人躺在上面的时候，双手会自然地交叉在胸前或腹部。一旦进入熟睡状态，手会从身体上滑落到地板上，便会惊醒过来。

伊姆斯夫妇设计的这款躺椅感觉非常舒服，常常会勾起人的睡意，但远比怀尔德的木板捉弄人。稍微改变一下椅子的宽度，身体的舒适性和人的反应也会随之改变，这就是“让人无法熟睡的安乐椅”告诉我们的道理。

充分考虑了人体反应的设计

电影界巨匠热捧的“让人无法熟睡的安乐椅”

这款躺椅的外形贴合人体曲线，躺在上面时感觉非常舒服，很快就会产生睡意，进入酣睡状态时身体的紧张得到放松，手臂会自然地滑落下来而惊醒。伊姆斯夫妇利用人的生理现象，巧妙地设计了椅子的宽度。

从旁边看上去睡姿非常舒服，但睡着后……

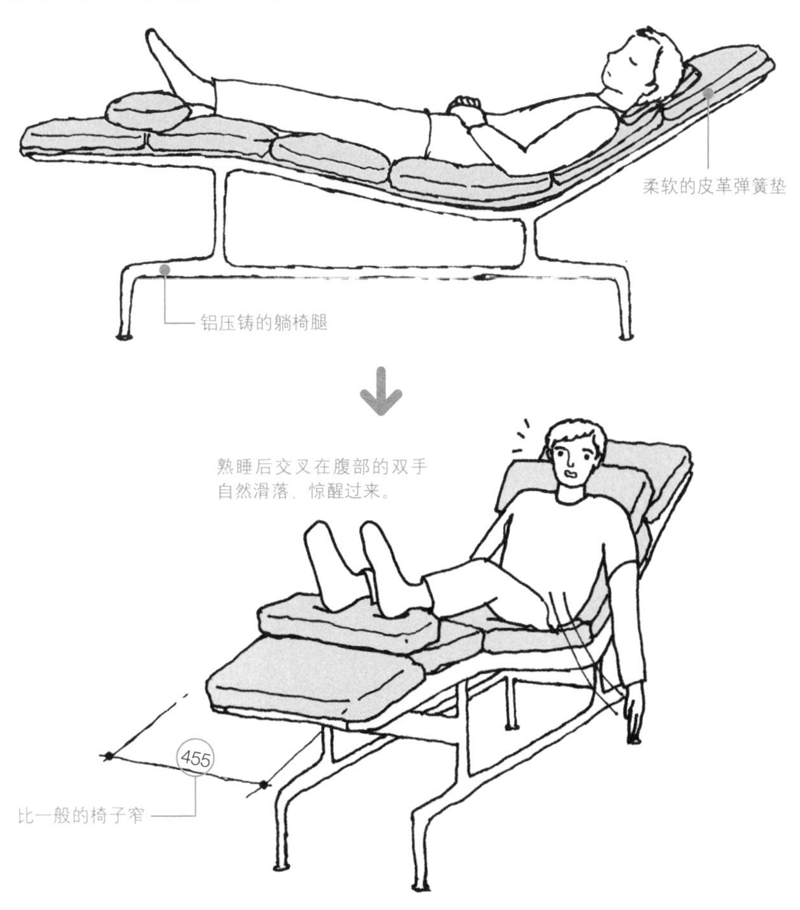

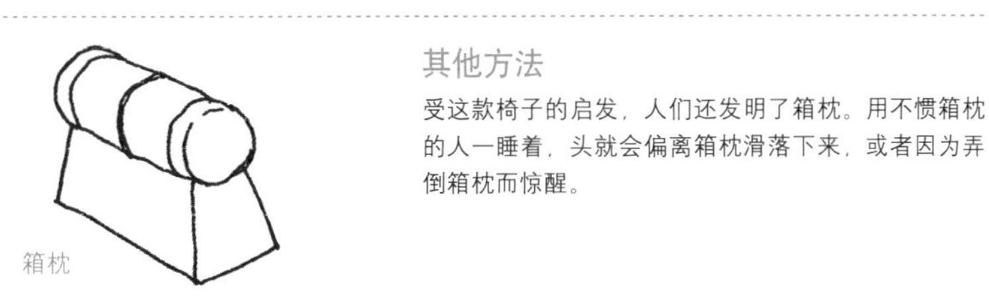

其他方法

受这款椅子的启发，人们还发明了箱枕。用不惯箱枕的人一睡着，头就会偏离箱枕滑落下来，或者因为弄倒箱枕而惊醒。

折叠椅 / 夏洛特 · 贝里安

小空间也能悠哉自在

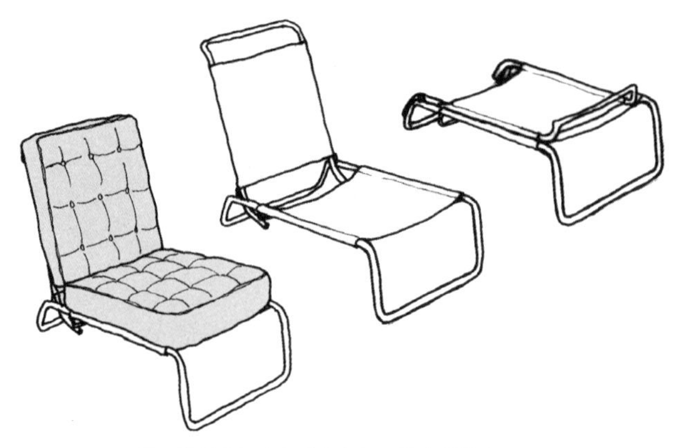

展开铁管和帆布组成的框架，铺上弹簧垫即可。

在狭窄的空间里，家具往往会使空间显得拥挤。能够让人放松休息的宽大安乐椅在小房间内往往没有立足之处。这种情况下，有多种用途且便于收纳的折叠椅就成了宝物。

这里介绍的折叠椅（Folding Stacking Chair）结构简单，有类似管椅的框架，上面有可以折叠的坐垫。垫子宽度为 600 毫米，宽敞舒适。如果沿着框架并排摆放三个坐垫，一个宽大舒适的安乐椅就诞生了，躺在上面可以自由地伸展腿脚，放松地休息。座面上叠放两个坐垫，就可以像普通的椅子一样用。如果把三个坐垫摞在一起，即使没有框架也可以直接坐。用不到的时候，还可以把框架和坐垫叠放起来分别收纳，家里放两三组这样的折叠椅，也不会占用很多空间。

遗憾的是，现在这种折叠椅已经不再生产。

折叠椅的各种用法

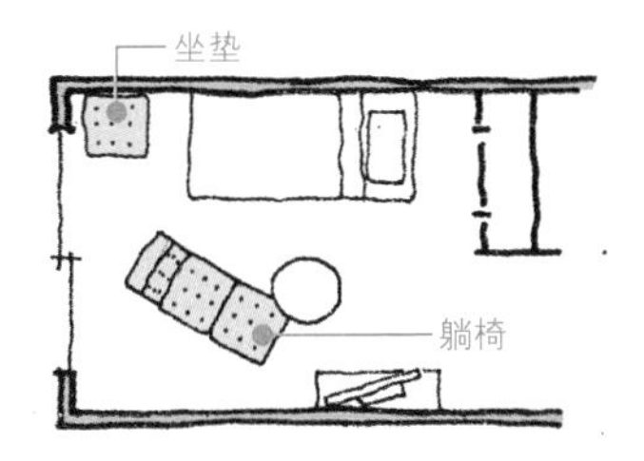

小空间里也可以放

在单身公寓等小空间里也可以享受安乐椅的舒适。

座面上叠放两个坐垫，可以用作餐椅。

沿着框架并排摆放三个坐垫，就是一张躺椅。

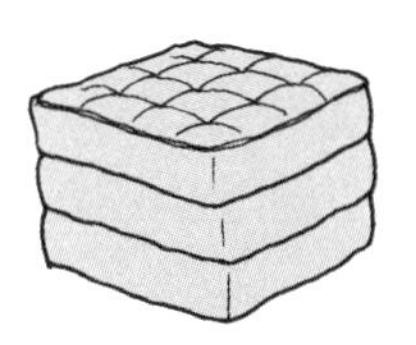

把三个坐垫叠放起来后可以直接坐在上面。展开铺在地上还可以当坐垫用。

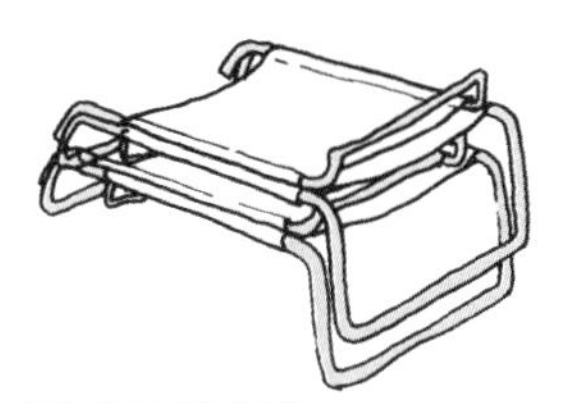

框架折叠后可以摞放。

这些物品也有相似的功能……

被称作"电视枕"的多功能靠垫。

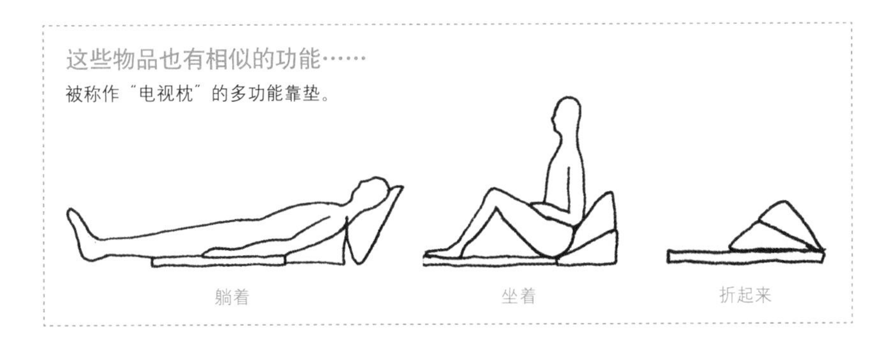

COLUMN

6 对密斯·凡·德·罗有重大影响的女设计师

莉莉·莱克

相关作品

参见第22、62、94、98页

不畏中伤，奉献一生

莉莉·莱克是密斯·凡·德·罗唯一给予信任并且一起合作过的女性。在他们相遇之前，莉莉·莱克作为一流的设计师，独自经营一家建筑事务所。她亲自参与很多展品的制作过程，在家具的选材以及展示方式等方面都对密斯有很大的影响。现在流传下来的密斯的作品中，很大一部分都是两人合作完成的作品。

崇尚完美主义的莱克，在工作和生活上都希望对密斯有所帮助，甚至干涉密斯女儿的着装。说她是丑女人或许也是源于她过于直率的言辞。密斯撇下莱克，从战争色彩日益浓厚的德国迁移到美国之后，莱克依旧坚持着对密斯的付出，她接管了密斯事务所的工作，并在硝烟滚滚的战火中保护了大量设计图。

战争结束后不久，因为生活上的贫困，莉莉·莱克病重而死。近几年，她在战火中誓死保卫的设计图重新问世，她的成就也逐渐得到了重新评价和肯定。

建筑设计术语集

密斯·凡·德·罗

现代建筑四大巨匠之一。出生于德国。代表作品有西班牙巴塞罗那博览会德国馆，美国伊利诺斯州普莱诺范士沃斯住宅等现代主义建筑杰作。

CHAP.

3

让房间与众不同

——卧室、书房、儿童房

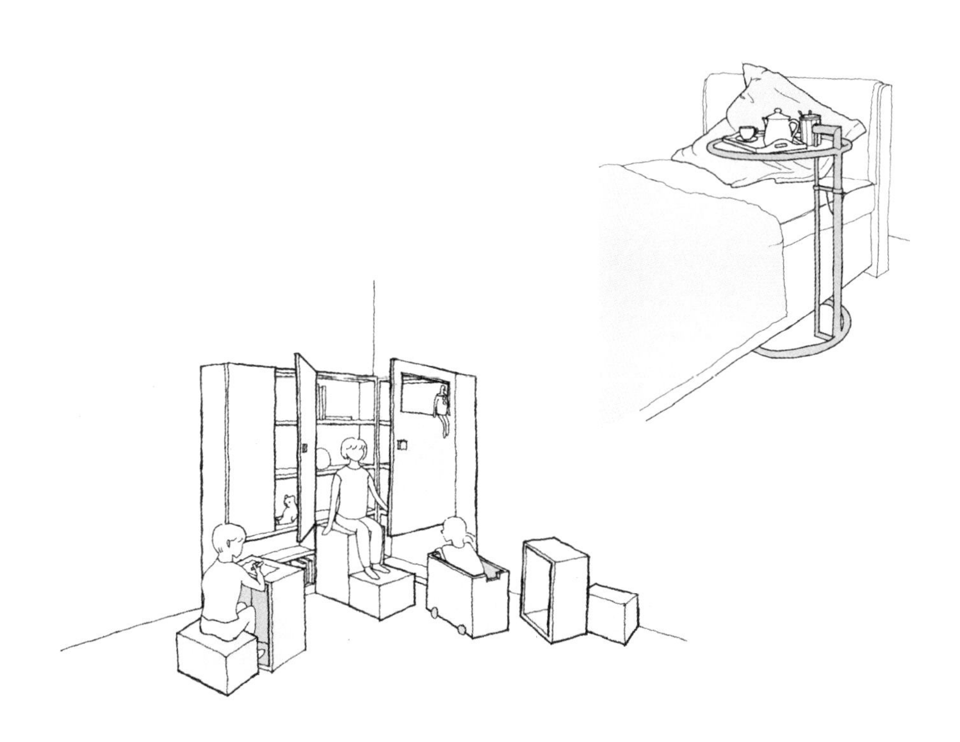

基本要点

床的大小和摆放

床按照大小可以分为单人床、小双人床、双人床、标间大床（queen size）、套房大床（king size）等，但是床的摆放方法基本一致。一般情况下，床的一条边靠墙，或者两条边靠墙，人躺卧时靠近头部的一侧通常会靠墙。床头不能靠墙时，要挑选有床头板的类型。

在海外旅行的时候，是否经常会觉得国外的床很小？事实上，欧洲的床一般要比日本的床小一圈。很多欧洲人都比日本人身材高大，为什么他们的床反而比较小呢……真让人不可思议。

在卧室里摆放床的时候，床与墙壁之间应该空出多少距离，床的哪条边靠墙，都应当提前确认。

床的标准摆放方法

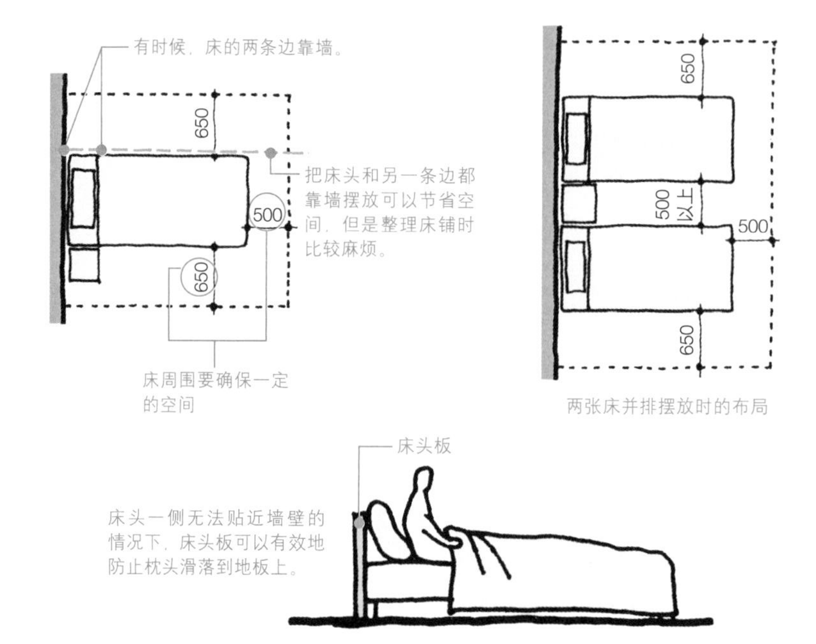

各国家床的基本规格

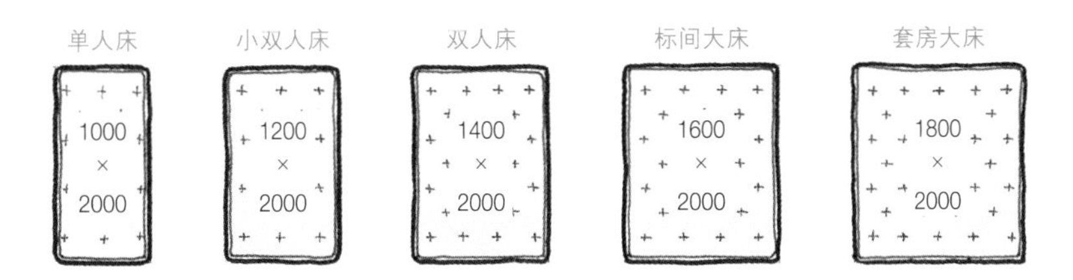

日本与其他国家的单人床

日本单人床的标准尺寸是 1000×2000。欧洲单人床的标准尺寸是 900×1900，比日本的小一圈。泰国的单人床宽为 1070，比日本更大。下图里的人身高为 180 厘米，如果躺在欧洲的单人床上，身体就会超出床的范围。

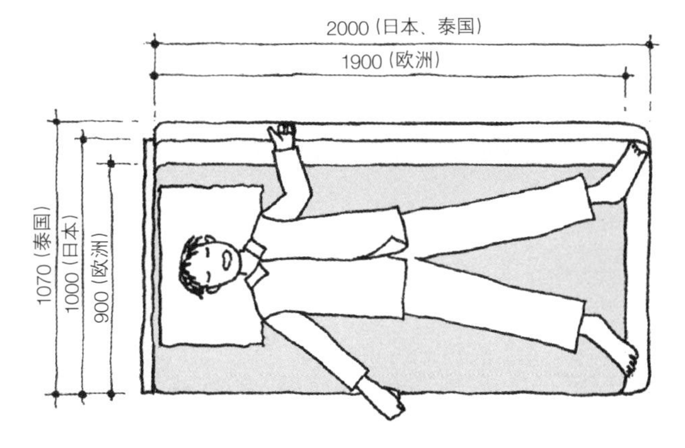

美国的单人床

美国的单人床也叫作 twin-bed，大小通常是 990×1910。大学里使用的加长款单人床的长度为 2030 毫米，因此通用的单人床床单（box sheet）不够用。尽管床比日本的小，但是枕头的尺寸却比日本大（日本的枕头标准尺寸是 430×630，美国的枕头标准尺寸是 510×760）。因此购买国外生产的床单和枕套时要注意确认尺寸。

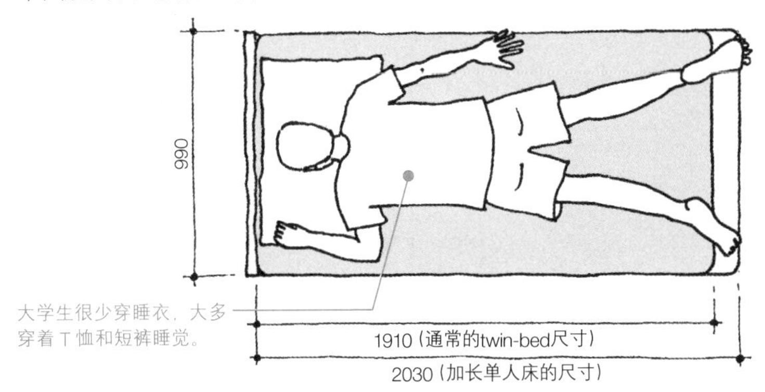

被包围的感觉让人安心

有华盖的床。原本是摆放在天花板很高的大厅里，为了防止风和尘埃的侵入，在床的四周挂上帘子。

在欧洲的贵族住宅里，常会看到有华盖的床。四面都被包围起来会让人感觉舒适安宁。而在日本，平安时代的贵族们把御帐台的四周用幔帐包围起来，形成一个顶棚较低的睡铺，或者睡在板窗包围起来的小房间里。白天，宽敞的空间让人感觉舒适，晚上睡觉时狭窄且封闭的空间则让人心绪稳定，这好像是全世界人共通的感觉。

夏洛特 · 贝里安设计的美贝尔山庄别墅的二楼，是铺着榻榻米风格草席的日式大厅。大厅一角的地板略高，三面都以墙壁包围建成了专为睡眠设计的特殊场所。晚上放下窗帘后，好像睡在有华盖的床上一样，四面被包围着进入梦乡。天花板是透明的构造，早上阳光透过天花板洒进房间，让人醒来。

有华盖的床不仅舒适，还有防风保暖的作用。即使在今天，我也建议大家尽量缩小睡觉的空间，因为空间小，空气量也随之减少，可以有效地提高空调的制冷效果和取暖效果（详见 MEMO）。

被包围的空间营造安心的氛围

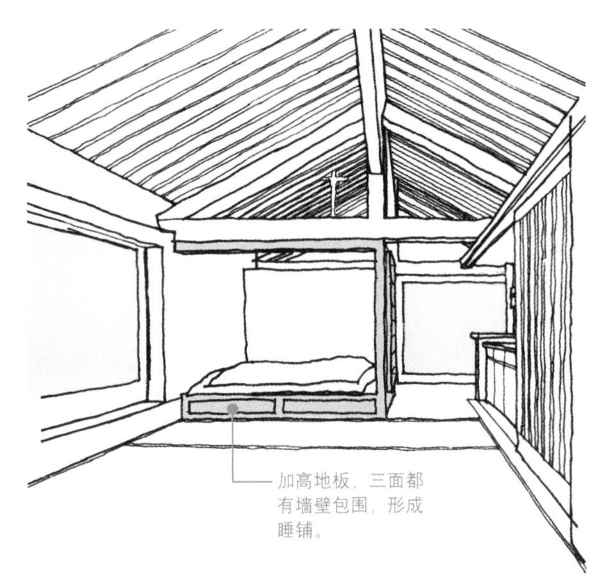

夏洛特·贝里安设计的美贝尔山庄别墅

依照法国传统乡村风格建造，但二楼采用了日式结构。地板上铺着榻榻米风格的草席，睡铺上有被褥。睡铺和大厅以及右手边的厨房紧密相连，但睡铺的地板比较高，三面都以墙壁包围，营造出一种与众不同的氛围。

平安时代的御帐台

贵族睡在铺着两叠榻榻米、四角用柱子支撑起来，并且四周垂挂幔帐的御帐台里。地位高的后妃为了彰显身份，会把御帐台的台座涂成黑色，铺上榻榻米。

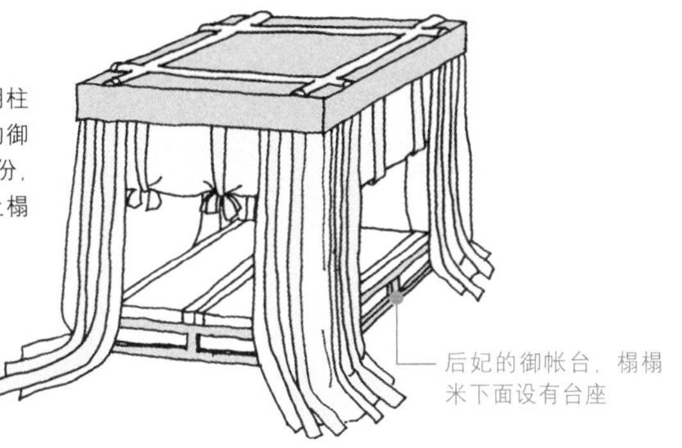

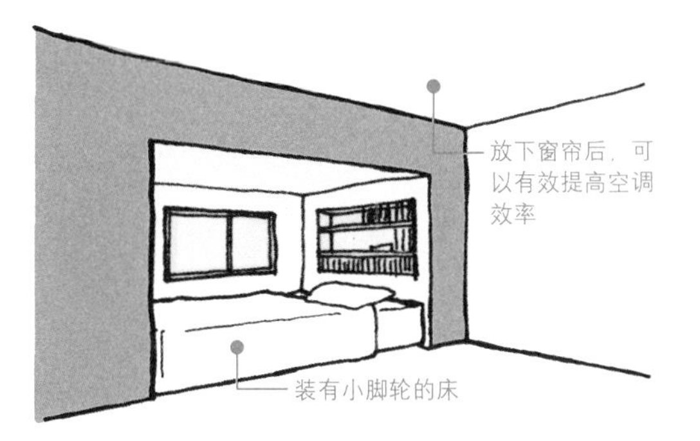

在凹室里摆放床

要想建造舒适、环保的卧室，还可以在凹室里摆放床。冬天，可以把靠近房间一侧的窗帘拉下来，防止热量流失。为了便于整理床铺，在床下安装小脚轮，可以轻松地拉出床。

【MEMO】夏天可以打开窗户挂上蚊帐来代替窗帘，这样更环保。但是挂蚊帐和窗帘后不容易散热，有时候需要借助空调来达到适宜的温度。

床边桌 / 图卢斯·施罗德·施雷德&格里特·里特维尔德

卧室不只是睡觉的地方

如果卧室里没有床边桌，床边容易堆满各种物品

在卧室里摆放好床以后，不要忘记放一个床边桌。睡前读的书、MP3、纸巾盒、台灯……如果没有床边桌，这些东西就要堆在地板上。

一般情况下，床边桌会放在床头，通常400毫米~500毫米见方、与床面高度相同。但是施罗德和里特维尔德设计的床边桌是细长的。临床的一侧设有储物架，另一侧是可以拉开的抽屉，这是一款从三个方向都可以使用的精致家具。而且，由于床边桌的间隔作用，床周围的空间与白天使用的空间区分开来，床边桌成功地扮演了间隔房间的角色。因为比一般的床边桌长，摆放的时候要注意与床拉开一定的距离，否则上床时不方便。尽管如此，较大的桌面用来放衣服非常实用。

床边实用的家具

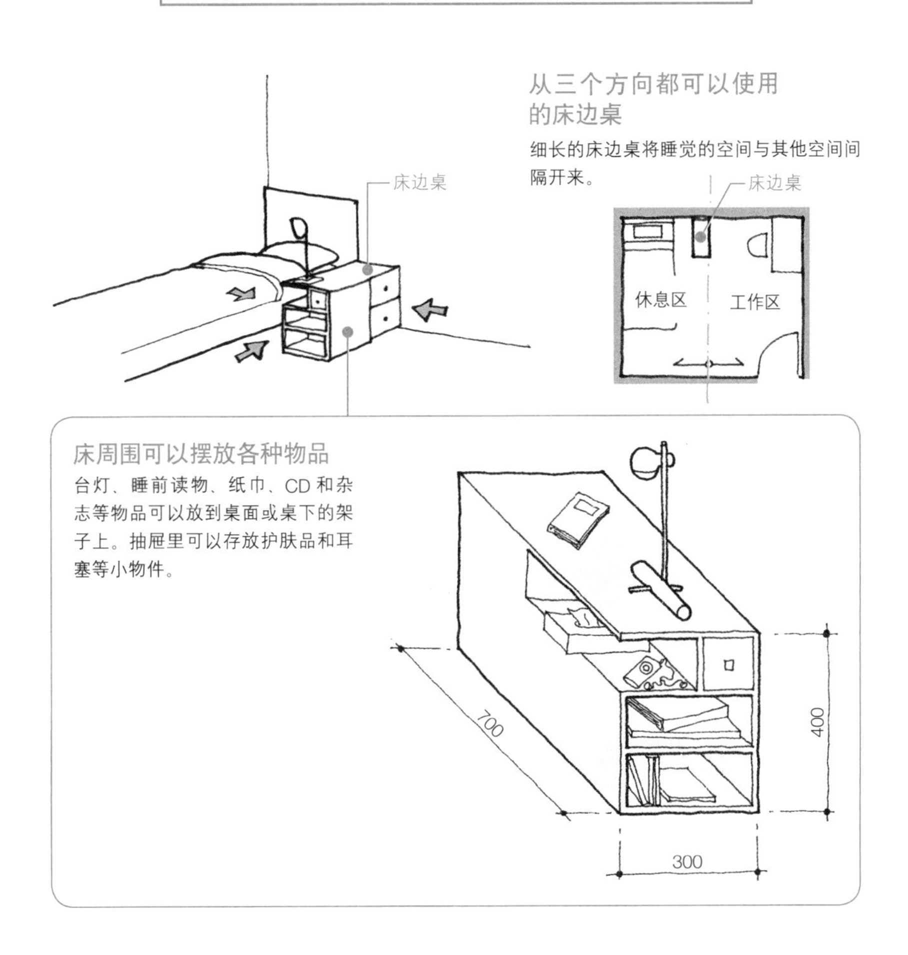

从三个方向都可以使用的床边桌

细长的床边桌将睡觉的空间与其他空间间隔开来。

床周围可以摆放各种物品

台灯、睡前读物、纸巾、CD 和杂志等物品可以放到桌面或桌下的架子上。抽屉里可以存放护肤品和耳塞等小物件。

一般的床边桌

细长的床边桌

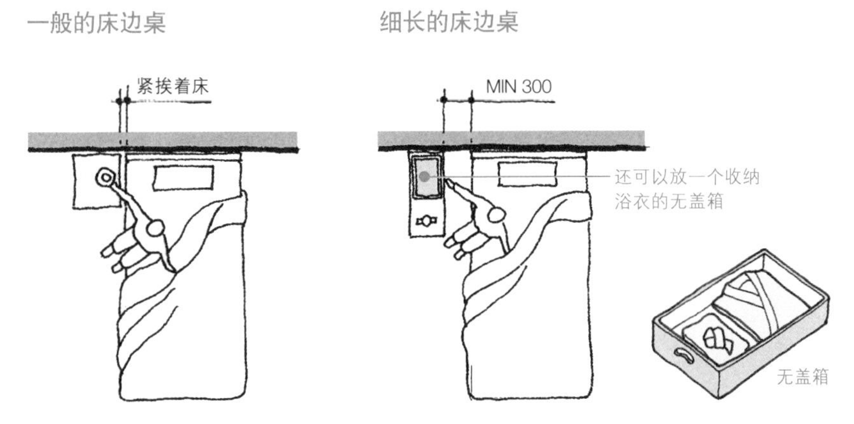

E1027 咖啡桌 / 艾琳 · 格瑞

演绎清晨的愉悦时光

在温暖的床上一边喝咖啡，一边舒缓地唤醒身体——这或许是许多人梦想中的清晨时光。但是床边桌基本上都在床头，和手边有一定的距离，我们看报纸的时候，很容易弄洒手中的咖啡。

艾琳 · 格瑞设计的家具中，有一款咖啡桌至今颇有人气。它有新颖时尚的外形，如今依然被广泛使用。实际上，它原本是为客房设计的小家具。这种设计体现出对客人无微不至的体贴与关怀，让客人在忙乱的早晨也能在床上饮用咖啡，从容地度过美好时光。这款边桌只有一侧支柱，所以桌腿可以隐藏在床下。桌面高度可以自由调节，在床上就能舒舒服服地吃一顿早餐，或阅读报纸。而且，它还具有便于移动的优点，也可以拿到客厅使用。

从外观上看，玻璃桌面和铬制框架的设计很酷，却能让客人充分感受到主人的热情好客。

普通的床边桌

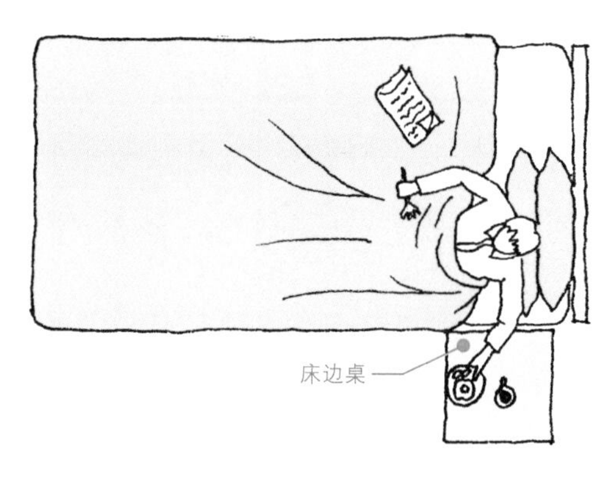

一边读报纸一边用餐，有点困难。

E1027咖啡桌的热情好客

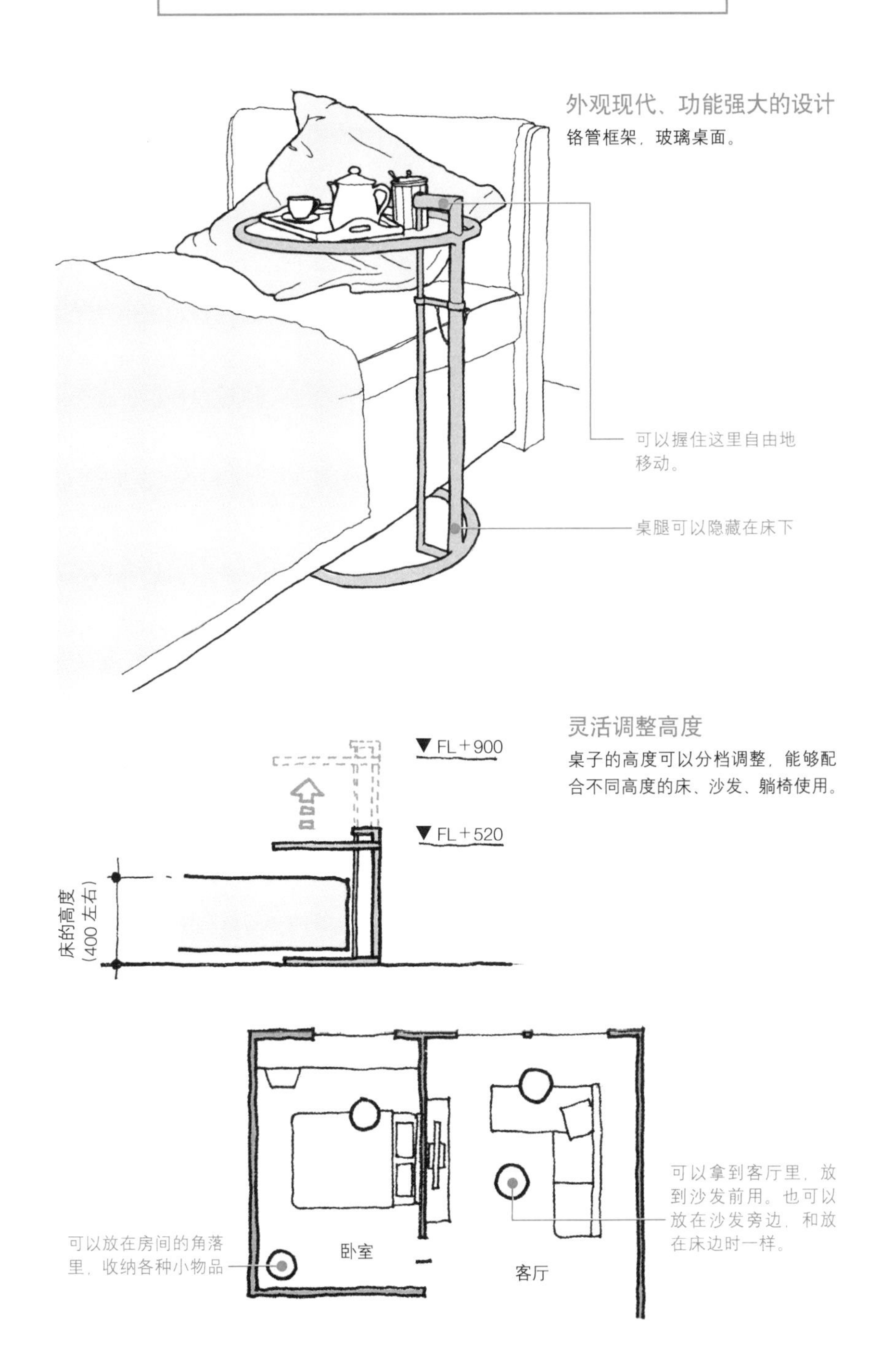

遮起来变得更整齐

改变房间风格最简单的方法就是更换房间里的布艺。环顾一下整个房间就可以发现，很多地方都用到了布艺。特别是卧室，用到布艺的家具特别多，想全部协调起来，并非易事。这时候，最好的方法就是把这些五花八门的布艺全部遮挡起来。

酒店里的床罩和毛毯上套着的厚布就是很好的例子。原本是为了避免白天人们坐在床上或者在床上放东西时弄脏床单。铺上这样的大布罩之后，不管床单和枕套上有怎样的花纹图案，都被一并遮盖住，在协调房间色调方面也有很好的效果。白天，在床罩上放上坐垫，还可以当作沙发。另外，床罩在房间中占有很大的面积，如果能与同样占据很大面积的窗帘和谐地搭配，整个房间就会呈现出统一协调的感觉。

在房间里使用简洁却富有个性的花纹织物，尽情享受搭配带来的乐趣吧。

布艺出场的机会相当多

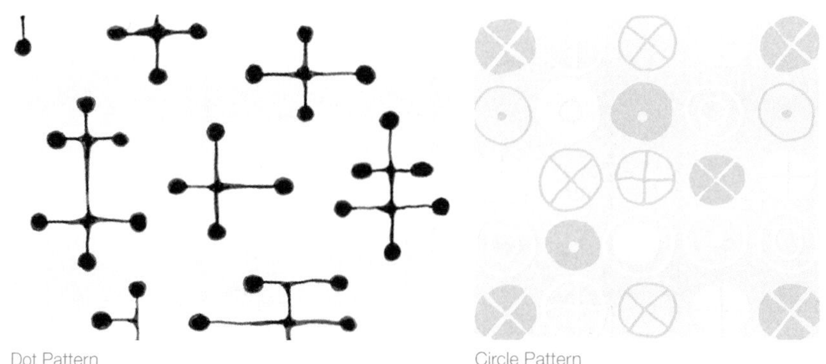

Dot Pattern　Circle Pattern

这是蕾 · 伊姆斯设计的简洁却很有趣的织物。窗帘、桌布、餐具垫、坐垫……都可以用。

布艺的简单搭配方法

用一块布遮盖

卧室里有各种各样的织物，全部协调起来并非易事

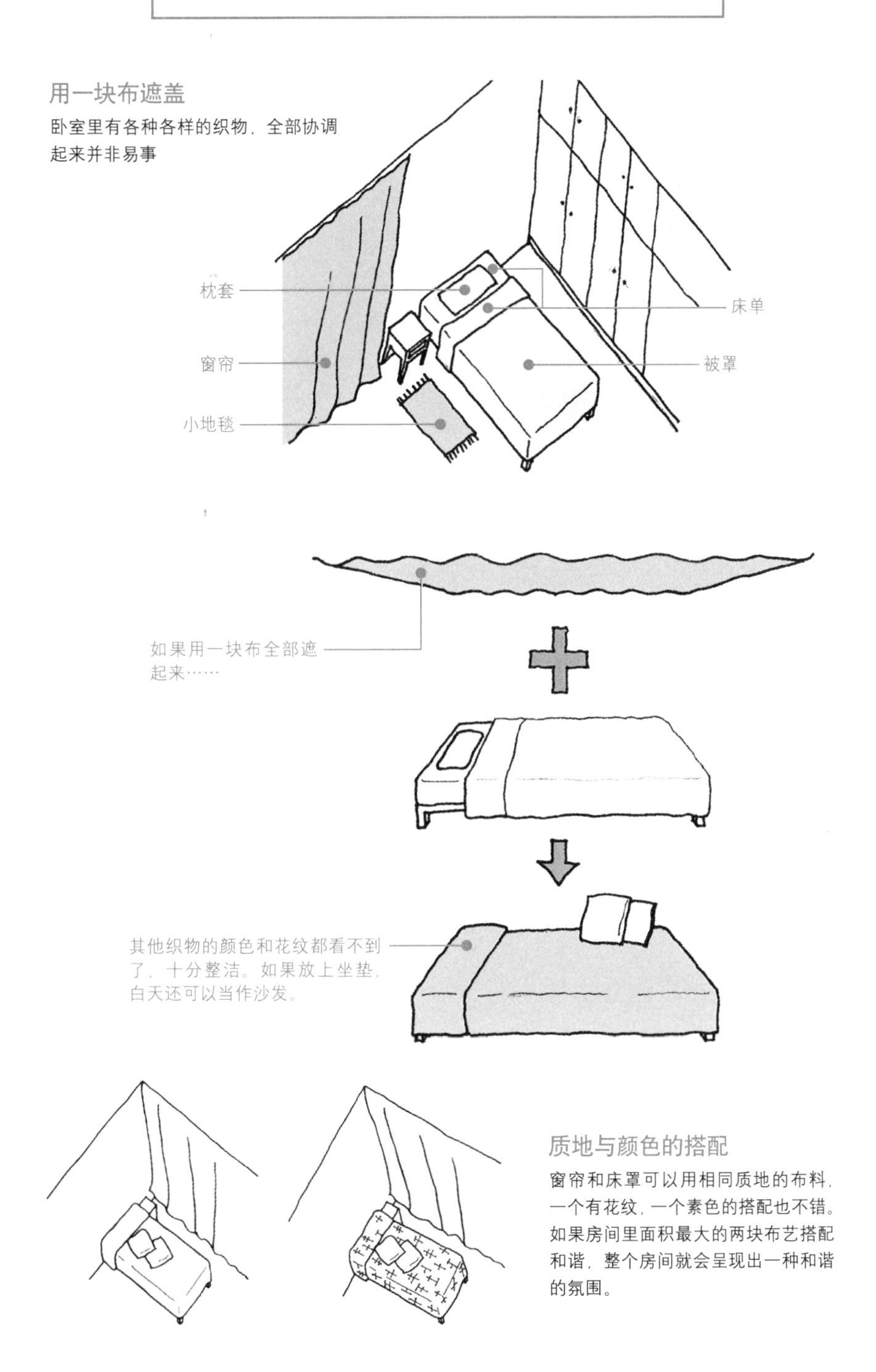

质地与颜色的搭配

窗帘和床罩可以用相同质地的布料，一个有花纹，一个素色的搭配也不错。如果房间里面积最大的两块布艺搭配和谐，整个房间就会呈现出一种和谐的氛围。

台灯 / 马里安 · 布朗特&海因里希 · 布雷登迪克

有助于提高注意力的台灯

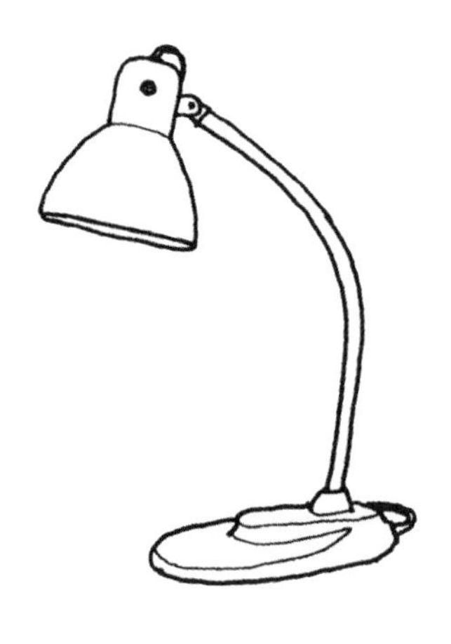

Kandem 公司研发并销售的一款台灯。该公司于 1928~1932 年售出 50000 台包豪斯大学设计的台灯。布朗特亲自参与了其中很多台灯的制作过程。

客厅里用不太刺眼的照明比较好。但是，如果在客厅里看书，或者是做些精细的工作，就要使用明亮的照明。用于房间整体照明的设施通常叫作“环境光源”，而用眼较多的工作需要使用局部照明，这样的灯具也叫作“工作灯”（详见 MEMO）。

工作灯中的一个典型代表是放在书桌上的台灯。在书房或工作、学习的房间里，如果整个房间都很明亮，容易分散精力。因此需要将光线集中在一定范围之内。另外，不需要的时候最好随手关掉开关。

布朗特设计的台灯，让我们有一种似曾相识感觉，总觉得好像在哪里看到过。以大量生产为研发目的的这款台灯，至今仍然有很多类似的产品，这大概是得益于它合理的设计。

巧妙使用对视力和环境都有益处的工作灯，可以提高工作效率，促进工作顺利完成。

根据房间，灵活地使用照明

能够提升工作效率的书房

写字台上的灯光应该尽可能明亮一些，同时要注意控制房间整体照明。光线的强弱差异较大能够使人集中精力工作。不工作的时候，关掉工作灯就可以避免浪费。要注意的是，如果背后的光线过强，光线被自己的手遮住后会出现影子。

在书房里将工作灯与环境光源搭配使用

诱发睡意的卧室

睡前，床头灯就可以满足照明需求。微暗的光线有助于引起睡意。上床后关掉开关也更方便。

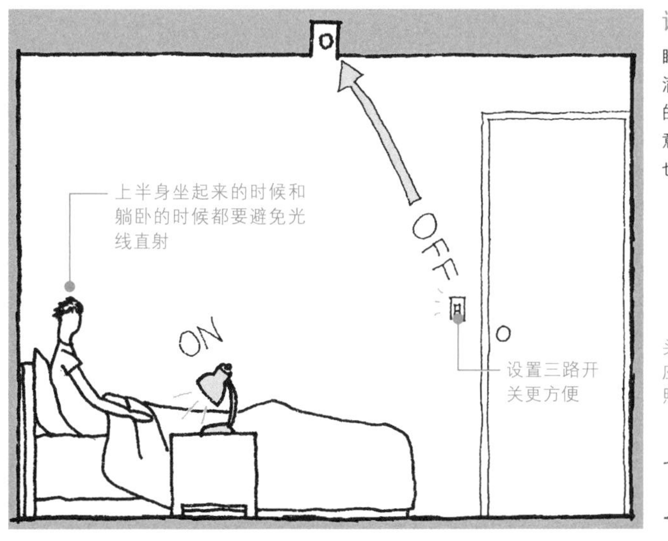

想增加房间亮度的时候，可以增设台灯。

【MEMO】工作灯的光源建议使用光线闪烁少的白炽灯或交流荧光灯。一般情况下，桌面上的照明光照度以750lx为宜（用电脑的时候光照度为500lx即可）。

COLUMN

7 充满力量、从容的工作风格

夏洛特·贝里安

相关作品

参见第 18、20、30、34、36、44、72、82、92、100、106、112、144、146、150、156 页

万绿丛中一点红，团队中唯一的女性

夏洛特·贝里安很少有单独的照片，大都是被一群男性簇拥着。她身材小巧玲珑，笑容明媚，容貌看起来非常女性化，但是在男性组成的团队里，却丝毫没有不协调的感觉，很自然地融入其中……她的工作风格亦是如此。

纵观贝里安的一生，与很多一流设计师组成团队，共同设计。其中包括建筑巨匠勒·柯布西耶、吉纳瑞特、坂仓准三、约瑟夫·路易塞特、简·普鲁威以及著名画家费尔南德·勒泽等。贝里安与这些个性鲜明的设计师们长期保持着良好的合作关系，而且他们都表示出希望与她再度合作的意愿。不难看出，贝里安不仅具有一流设计师的杰出才能，还相当有人格魅力。

运动健将

贝里安身材小巧、容貌可爱，却是位运动全才，而且是一个精力充沛、

建筑设计术语

勒·柯布西耶

现代建筑四大巨匠之一，出生于瑞士。除了萨伏伊别墅和马赛公寓大楼等代表作品之外，还留下了许多表达自己建筑思想的杰作。

吉纳瑞特

勒·柯布西耶的表弟，也是他最重要的合作伙伴。于公于私都与贝里安有非常亲密的关系。

具有行动力的人。吉纳瑞特、坂仓准三和简·普鲁威都喜欢滑雪，贝里安更是有专业运动员的水准。她对滑雪的兴趣与她晚年开发滑雪度假村的工作也有着密切的联系。这种爱好是通过团队合作培养出来的。

贝里安在语言不通的日本被聘为设计顾问的时候，与日本团队的伙伴们在藏王一起享受滑雪的乐趣。据说她非常尊重日本人的习惯，对于当时男女混浴的温泉也安之若素。

这种能和男性一同运动的体力、让同伴不因为她是女性而有所顾虑的工作风格，对她的事业有很大的帮助。

专注于自身的进步

勒·柯布西耶在自己的建筑事务所中，将许多贝里安负责设计的家具都作为自己和吉纳瑞特、贝里安三人的共同作品发布。当时她不过是建筑事务所里一个普通职员，能够得到公开的肯定非常罕见。这无疑对她日后职业生涯的发展起到了至关重要的作用。

但是，她对个人荣誉并不在意。本书后面将要介绍的壁挂式马桶（见第 146 页）、组合式收纳柜（见第 156 页）等在今天的日常生活中仍然被广泛使用的家具，很少有人知道是贝里安最早提出创意并设计出来的。很多她设计的家具被误认为是别人的作品。

贝里安在设计过程中能够明确地表达自己的想法和主张，可是当作品完成之后，并不强调自己的功绩，而是马上把注意力转移到下一个设计中。这或许是因为她更注重团队合作精神和自身的不断进步。

能够从容应对男性合作伙伴的贝里安可谓是女中豪杰，也是职业女性当之无愧的表率。

建筑设计术语

简·普鲁威

法国建筑家、家具设计师。致力于建筑工业化的研究，开设了家具制造厂，并专注于建筑材料的开发。

设计顾问

1940~1942年，贝里安受到日本工商部（现在的经济产业部）的邀请担任建筑顾问，这一时期她在日本居住。

基本要点

年龄与空间大小不成正比

一般情况下，人出生的时候身高为50厘米左右，成年之后的身高为出生时的三倍以上。设计儿童房的时候必须考虑有足够的空间应对小孩的成长。人需要的面积并非单纯地与年龄成正比，应当注意不同年龄阶段的活动特点不同，所需的空间也不同。

下一页上图展示了托儿所面积的最低标准。对于只会躺在床上睡觉的0岁婴儿来说，包括监护人的活动范围在内，一叠榻榻米就足够了。孩子慢慢会爬之后，面积需要加倍。但是，两岁之后，孩子所需的面积开始减少，恢复到和婴儿时差不多。孩子在不同年龄阶段的活动有不同的特点，需要的活动面积也不同。

预测孩子未来的成长情况并依此设计是关键。比如说，孩子很小的时候没有儿童房也无所谓，只要在客厅附近设置一个兄弟共用的大房间即可，由于靠近客厅，孩子们玩耍的地方也随之扩展，与家庭成员之间的互动交流也会相应增多（见第126页）。到了青春期之后，孩子可能会提出“想拥有一个自己的空间”的想法。即使是兄弟共用的房间，如果预先做好规划，间隔后也能变成个人空间，灵活应对孩子的成长情况。太舒适的居住条件会让孩子躲在自己的小世界里，所以有时候不完全独立的空间反而比较好（见第54页）。孩子的性格、性别和年龄各异，很难预测未来的发展情况，不过，可以尝试建造出伴随孩子一同“成长”的住宅。

打造适应孩子成长的房间

一岁孩子与两岁孩子相比，需要的空间更大

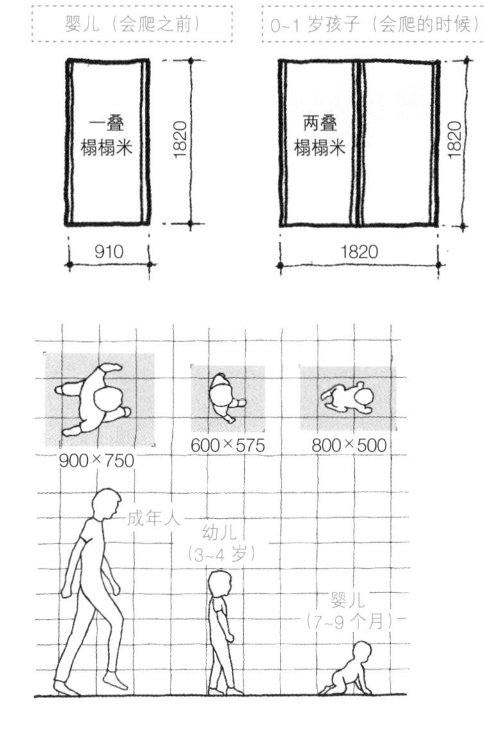

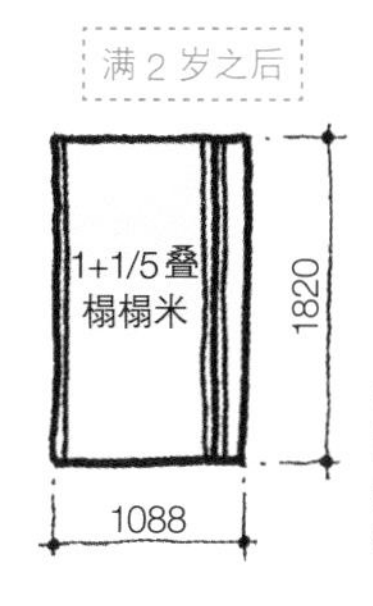

根据日本儿童福利设施的最低标准，托儿所室内最低面积标准（按年龄段）

儿童会爬时需要很大的活动面积

与 3~4 岁能走路的儿童相比，婴儿学会爬行时所需要的面积更大。一般情况下，学会走路之前，是最不安定的时期，这期间儿童很容易摔倒，如果不给予足够的空间，孩子容易发生危险。另外，幼儿（2~3 岁）不喜欢集体行动，所以分配给每个孩子的面积要尽量大一些。

儿童房变迁示例

在客厅旁边设置儿童房的例子。为了适应将来的变化，提前规划设计，尽量用家具间隔。

孩子小的时候，晚上在父母的房间睡觉，儿童房作为玩耍的场所。与客厅之间预留一个开口。

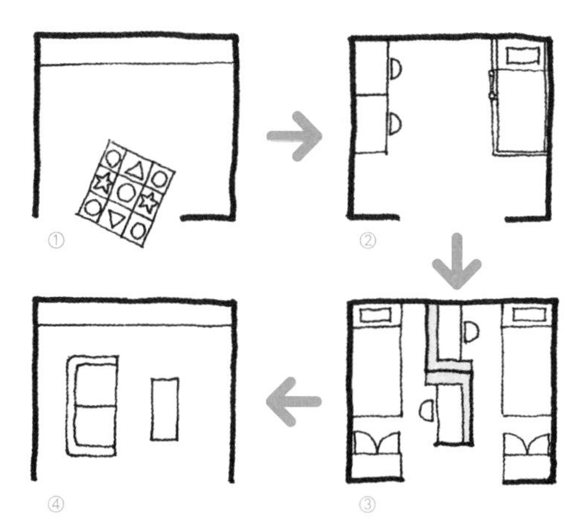

稍微长大之后，把家具贴近儿童房的墙壁摆放，能够确保兄弟共用的空间。

到了想要单独房间的年龄，利用家具把房间间隔开。准备好照明和电源分开控制的系统。

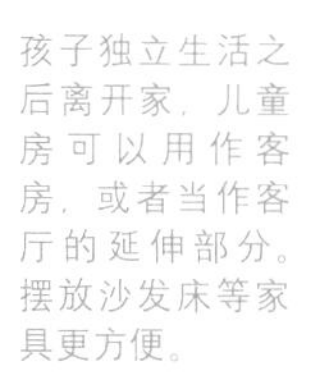

孩子独立生活之后离开家，儿童房可以用作客房，或者当作客厅的延伸部分。摆放沙发床等家具更方便。

孩子的柜子 / 阿尔马 · 布舍尔

一边玩耍一边整理

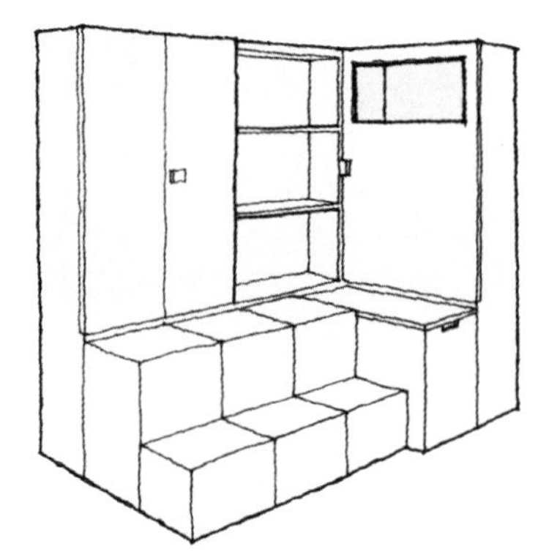

“孩子的柜子”组装好之后的状态。这款柜子可以像拼图一样组装起来，能够激发孩子整理的欲望。

我们总是希望孩子能在自己的视野范围内玩耍，但又常常因为孩子的玩具把客厅搞得乱七八糟而头疼。怎样才能让孩子从小就养成整理的好习惯呢？其中的一个方法是在房间里放一个结构特别的家具，促使孩子把整理当做乐趣。

布舍尔设计的这款柜子，不只是存放东西的收纳柜而已。虽然由大小不同、功能各异的木箱（材质：MDF）组成，但这些木箱的大小都是适合孩子使用的（详见 MEMO）。木箱本身可以作为玩具。比如，把一大一小的木箱并排摆放，可以当桌子和椅子；这些大大小小的箱子还可以成为积木；如果把所有木箱连接到一起则成为表演节目的舞台。可以说，这是一款凝聚了设计师智慧和心血的家具，它能发掘孩子们天马行空的想象力。玩完之后，组装箱子的过程也是游戏的延伸，孩子们能够在整理、组装箱子的过程中尽情地享受游戏的乐趣。

这款家具还能培养孩子的独立性，让孩子逐渐养成“想拥有自己的专属空间”的自立心理。

让孩子自由成长的家具

培养孩子想象力的玩具箱

布舍尔设计的柜子，可用于各种游戏，组装柜子的时候也像在玩游戏。

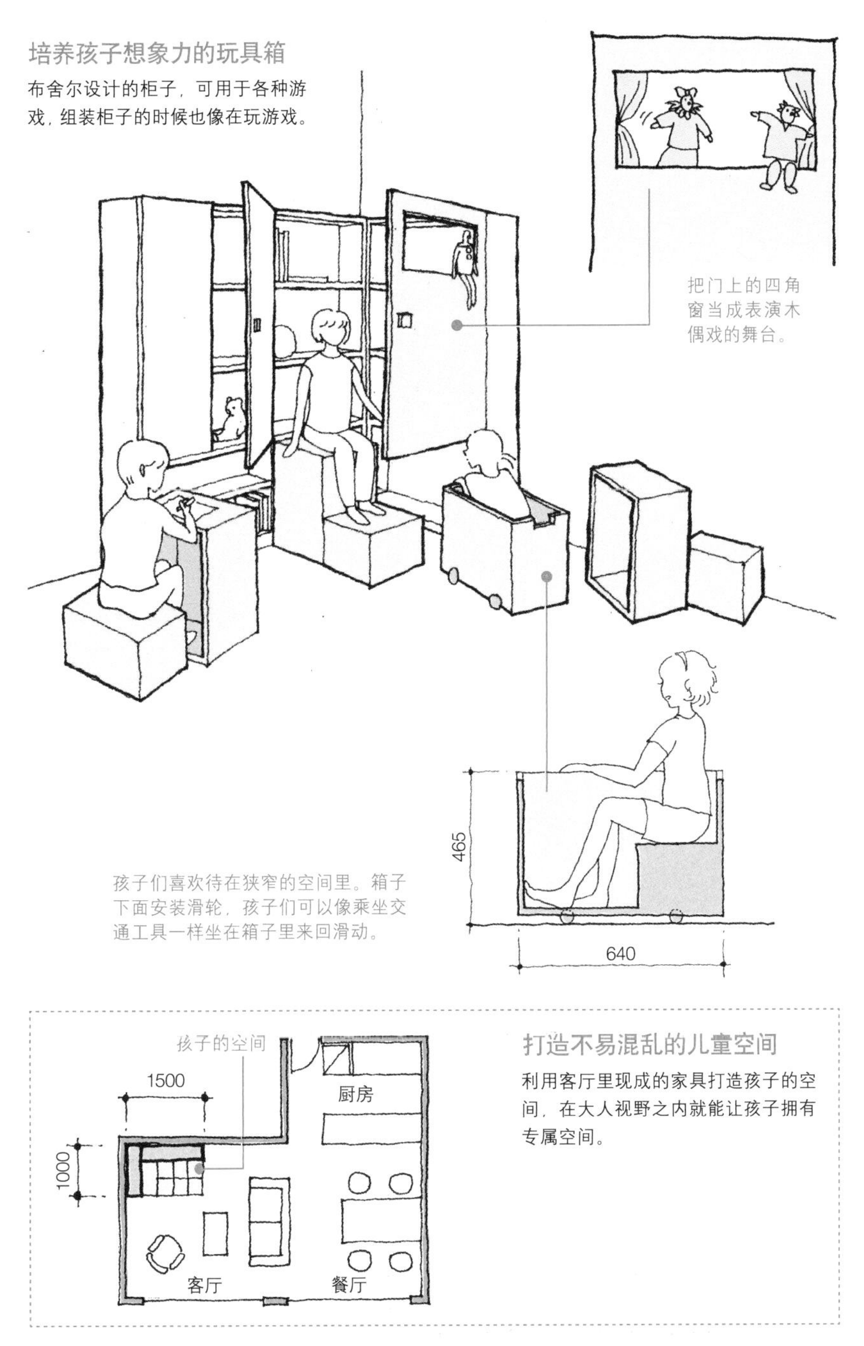

把门上的四角窗当成表演木偶戏的舞台。

孩子们喜欢待在狭窄的空间里。箱子下面安装滑轮，孩子们可以像乘坐交通工具一样坐在箱子里来回滑动。

打造不易混乱的儿童空间

利用客厅里现成的家具打造孩子的空间，在大人视野之内就能让孩子拥有专属空间。

【MEMO】MDF（Medium Density Fiberboard）中等密度纤维板是一种成本低且便于加工的材料，可以用来制作各种家具。孩子用的家具，棱角处最好做磨圆处理。

M.J.Muller 公馆的儿童房 / 图卢斯 · 施罗德 · 施雷德&格里特 · 里特维尔德

和孩子错开视线

在面积狭窄的住宅里无法设置儿童房，孩子长到不想被父母干涉的年龄以后，为了让父母和孩子彼此有独立空间，应该尽量和孩子错开视线，打造孩子的专属空间。

比如，施罗德通过把地板降低 300 毫米的方法为孩子们制造了专属空间。用低矮的柜子将孩子的空间包围起来，孩子们就注意不到较高处父母的视线，产生一种待在自己专属空间里的舒适感觉。

在公寓或建好的住宅里很难降低地板的高度，但可以采用相反的方法升高地板的高度。比如说，在床或书桌上制造专属于孩子的空间。虽然无法提高天花板的高度，只能在这个空间里坐着或躺着，但是孩子们可以尽情地享用这种像阁楼一样的空间。

虽然高度不同，但是处在同一个屋檐下，能够感受到相互之间的气息，也能够窥探到彼此的动向。和完全封闭的单间相比，通过高低差划分出若即若离的空间也许更有益于孩子的成长。

像阁楼的空间

在建好的住宅里很难降低地板的高度，可以采用在床或书桌上为孩子制造专属空间的方法。虽然天花板的高度无法升高，但是孩子可以在远离父母的地方放松、自由地玩耍，父母依然可以感觉到孩子的动静。

错开孩子的视线

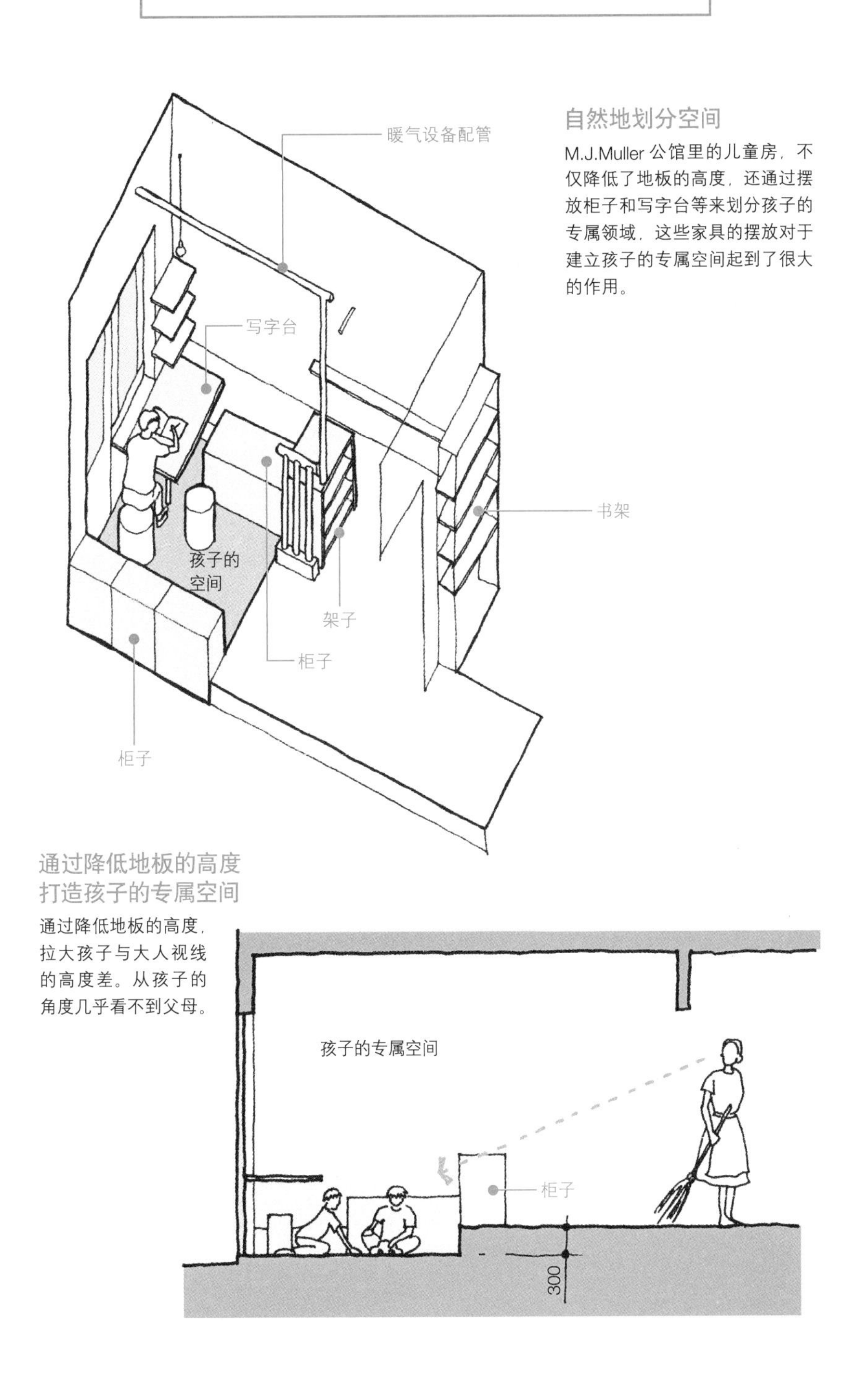

自然地划分空间

M.J.Muller 公馆里的儿童房，不仅降低了地板的高度，还通过摆放柜子和写字台等来划分孩子的专属领域，这些家具的摆放对于建立孩子的专属空间起到了很大的作用。

通过降低地板的高度打造孩子的专属空间

通过降低地板的高度，拉大孩子与大人视线的高度差。从孩子的角度几乎看不到父母。

阶梯椅 / 阿尔马 · 布舍尔

一物多用的阶梯椅

2 ~ 3 岁的儿童，不再依靠父母，想独立完成的事逐渐增多。父母千万不要错过这个提升孩子热情的机会，应当帮助并促进他们形成自立的观念。让孩子尝试做力所能及的工作是培养他们自立的好办法。

布舍尔设计的阶梯椅就是一款能够促进孩子成长的家具。乍一看，只不过是阶梯形状的箱子，却能充分地发挥孩子们的想象力。吃饭的时候，父母可以让孩子做些简单的工作，比如让孩子把这个玩具拿到厨房去。这个小家具下面有滑轮，可以轻松地移动。如果把它翻转 90 度，就可以让孩子坐在上面达到和父母用餐时一样的高度。稍微帮一下忙，孩子就能自己坐到椅子上。

无论是玩耍的时候，还是吃饭的时候，孩子都可以用这款自己专用的家具。长大后不需要这个椅子时，可以把下面的滑轮卸掉变成普通的梯凳，这种设计还能教会孩子爱护物品的道理。

培养孩子自立的家具

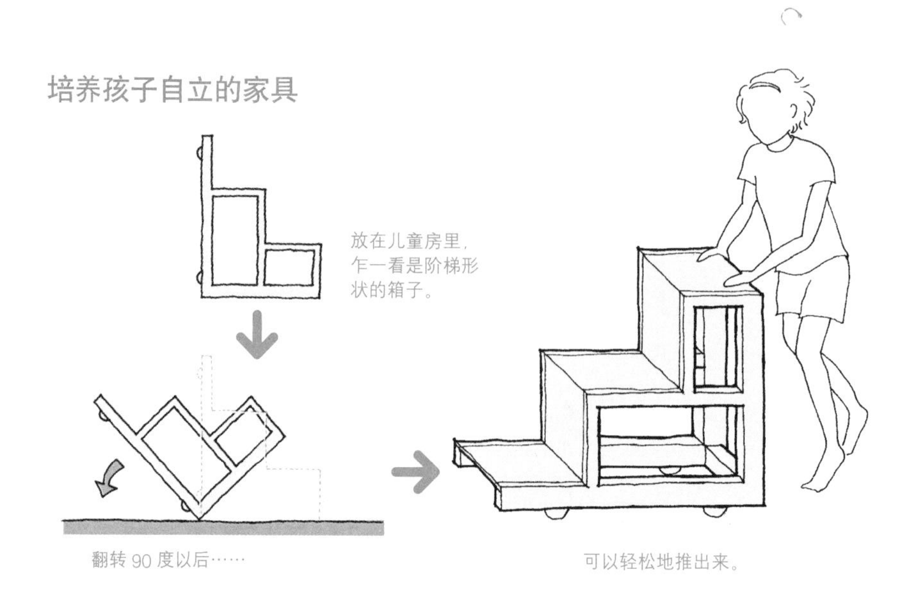

随着孩子的成长，用途也发生变化

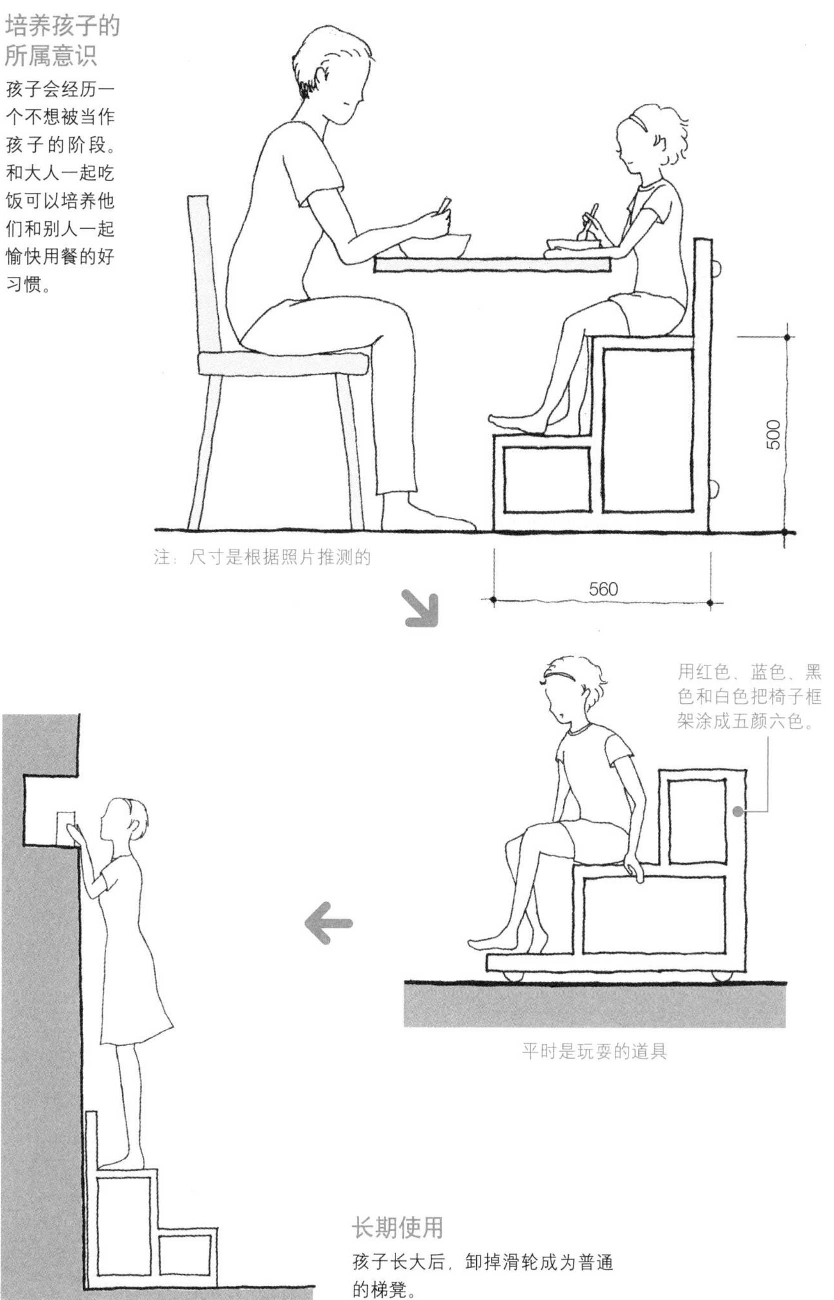

培养孩子的所属意识

孩子会经历一个不想被当作孩子的阶段。和大人一起吃饭可以培养他们和别人一起愉快用餐的好习惯。

长期使用

孩子长大后，卸掉滑轮成为普通的梯凳。

Toy Box / 艾诺 · 阿尔托

和孩子一同成长的家具

衣服不能穿，可以再买。可是重新买家具没那么容易。

孩子逐渐长大之后，原来的衣服没法再穿了。家具当然也是选择适合孩子身高的型号，但是孩子长大之后，家具不能用了就会很浪费。有没有可以伴随孩子一同成长的家具呢?

艾诺 · 阿尔托设计的可以当书桌的玩具箱由两个架子和一个桌面组成。一般情况下，把两个架子紧贴着并列摆放在一起就可以成为玩具收纳箱。把两个架子分别向左右挪一挪，摇身一变就成了书桌。通过在桌面和架子之间夹放箱子，可以逐步调整高度以适应孩子不同成长阶段的需要。另外，根据摆放场所的面积不同，还可以有各种各样的布局。桌面和架子这两个简单的零部件都没有固定，可以灵活地调整方向和高度。

为孩子设计的家具在孩子长大之后还可以用……这是一款简洁大方、体现北欧精神的家具。

活用零部件来改变家具的外形

可以灵活使用的玩具箱

艾诺·阿尔托设计的 Toy Box，一般作为收纳玩具的架子并列摆放靠墙的位置，把架子向两边挪动一下就摇身一变成为儿童书桌。随着孩子的成长，在桌面和架子之间夹放抽屉，就成了大人也可以用的桌子。

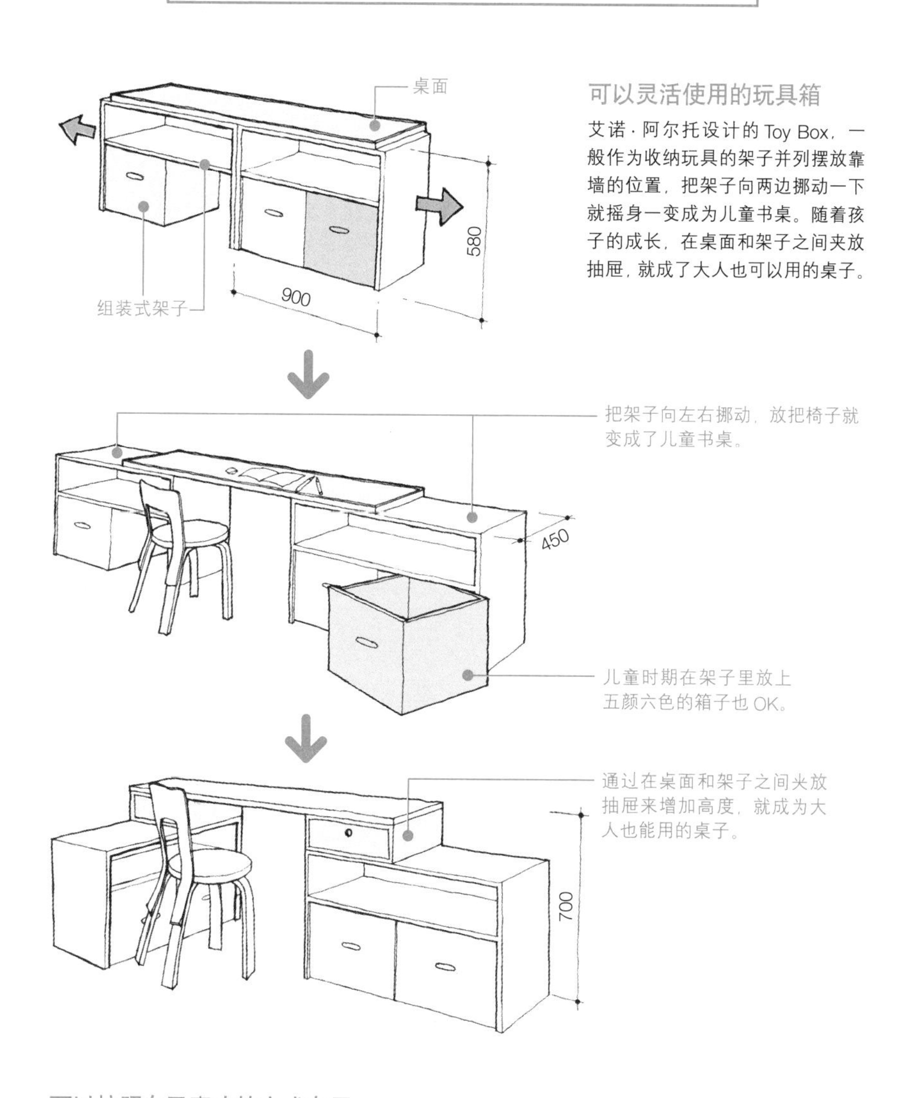

可以按照自己喜欢的方式布局。

这款家具在有些空间可能偏大，需要重新考虑家具尺寸。

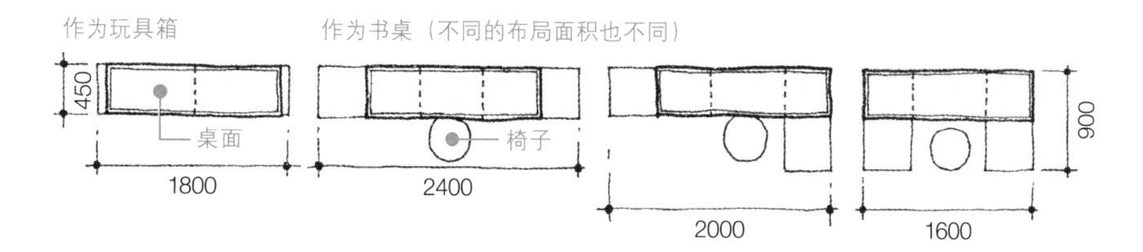

COLUMN

8 包豪斯大学诞生的女设计师

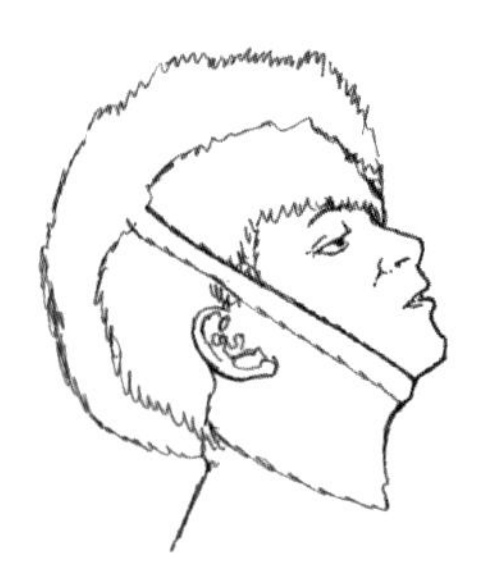

马里安·布朗特

➔参见第80、120、140页

阿尔马·布舍尔

➔参见第126、130页

跨越性别障碍

人们往往对包豪斯设计学院有这样的印象，觉得它是一所对女性开放的自由的艺术殿堂。但实际上，只有纺织工作坊才接收女学生。“女性不能从事平面设计工作”是一种固有的偏见，在这里我们要介绍两位活跃在建筑界的、推翻世俗偏见的女设计师。

马里安·布朗特为了能够进入金属工作坊，在来包豪斯大学之前已经学习了绘画和雕刻。她罕见的造型感得到了金属工作坊教授莫霍伊·纳吉的肯定。莫霍伊·纳吉离开包豪斯之后，任命她为工作坊的主管。阿尔马·布舍尔则直接向校长瓦尔特·格罗皮乌斯申请参与家具制作。她在试验成果展示会上发布的“儿童专用柜”（参见第126页）获得了巨大的反响，从而成为家居工作坊的成员（获得正式资格是在两年之后）。

在包豪斯制造、出售的家具中，她们设计的作品都有不错的销量，贡献了巨大的商业价值，很多都成为包豪斯的代表杰作。

建筑设计术语

包豪斯

1919年成立于德国，是以美术和建筑相关专业为主的学院。后改名为魏玛包豪斯大学。

瓦尔特·格罗皮乌斯

和勒·柯布西耶、弗兰克·劳埃德·赖特、密斯·凡·德·罗一起被称作现代建筑四大巨匠，是包豪斯设计学院的创始人，也是早期（1919~1928年）的校长。

CHAP.

4

小空间别具风格

——关于玄关、洗手间、收纳、间壁

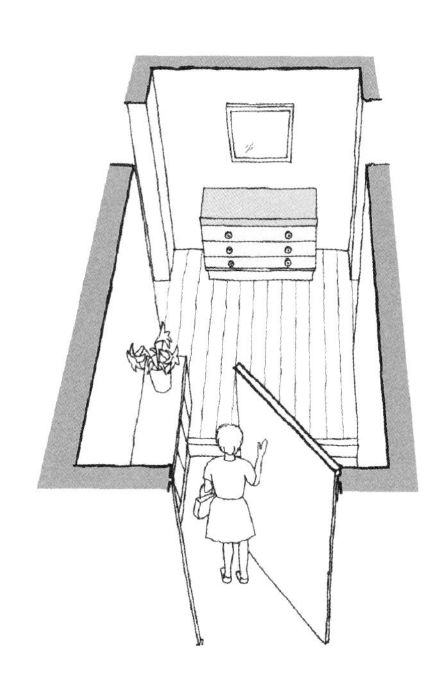

只见光不见灯泡

在酒店的走廊里，我们虽然看不到照明设备，但是天花板和墙壁却被照得很明亮，营造出一种有情调的安定、和谐的氛围。这是不让光线直接进入视野的间接照明效果，叫作“建筑化照明”。

在建筑化照明中，即使看到一点点光源的存在，也会觉得扫兴。设计时，要从每一个断面检查是否有能够直接看到光源的角度。特别是楼梯转角处，或通顶设计的情况下，很可能有意想不到的角度能直接看到光源，要多注意。如果不能完全隐藏光源，可以在光源外面加上丙烯灯罩。

我们应该把遮挡光源的幕板设置在一定的高度上，并预留好换灯泡或维修灯具需要的空间。幕板设置的适当高度根据灯具的种类不同有所变化。安装照明时,要确认好灯具自身的尺寸以及灯具的更换方法。

光源主要用荧光灯，纵向排列时，荧光灯不能发光的两端会使光线变得断断续续，需要考虑相应的对策，比如说叠置荧光灯，或者用无缝线路的荧光灯。

倾斜天花板或球形天花板特别适合用建筑化照明。把灯具设置在较低的位置向高处照，光线可以扩散到很远的范围。天花板和墙壁的内部装饰材料应当选用反光性好的颜色和素材，更有助于提高间接照明的效果。应当注意的是，如果材料表面不够平滑，光线会呈现出稀稀拉拉的效果（详见 MEMO）。

把建筑化照明用在想营造小情调的客厅、卧室和楼梯效果更佳。除了可以把光源设置在天花板和墙上，还可以设置在家具上或窗帘收纳箱的位置上。要想巧妙地隐藏光源并制造出优美的光线，还应当根据每个场所的具体情况思考出适当的方法。

建筑化照明的要点

不要揭"光源的老底"

看不到光源是建筑化照明的关键。要确认从一些意想不到的角度也看不到光源。无论怎样设置都能看到光源的话，可以用丙烯灯罩在光源外面遮光。

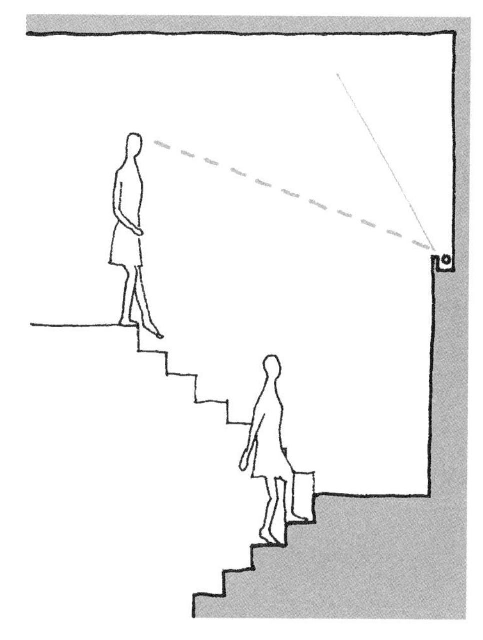

用白色的反射板

在照明箱内使用白色的反光板，可以提高照明效果。但是，白色的反光板容易聚集热量，最好不要在箱内张贴塑料布。

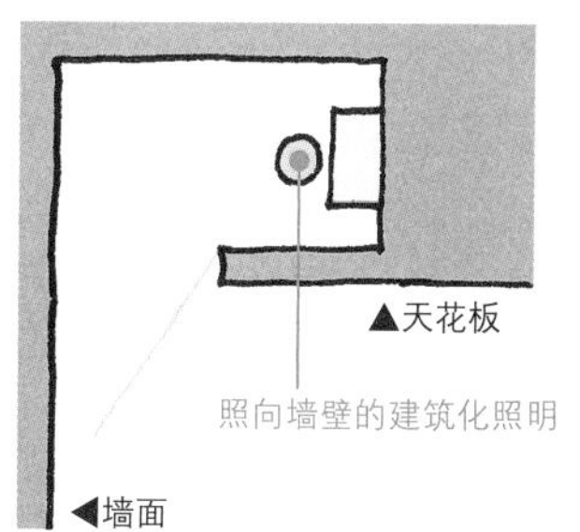

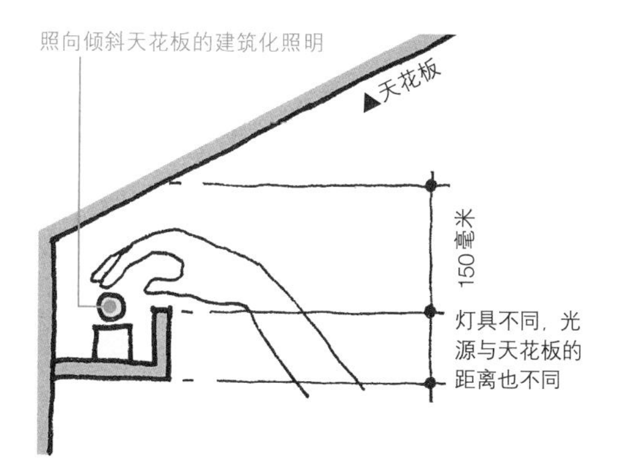

别忘了预留维修空间

更换灯泡的时候，手要伸进照明箱内，所以照明箱与天花板之间要留一定的间隔。设置灯具时也要认真思考，确保灯具的安装方向有利于更换灯泡。

【MEMO】填充缝隙之后再涂一层油漆，接缝处就没那么明显。在施工者安装照明之前，告之想用间接照明，并委托他们认真谨慎地操作。

收纳柜 / 艾琳 · 格瑞

迎接客人的收纳柜

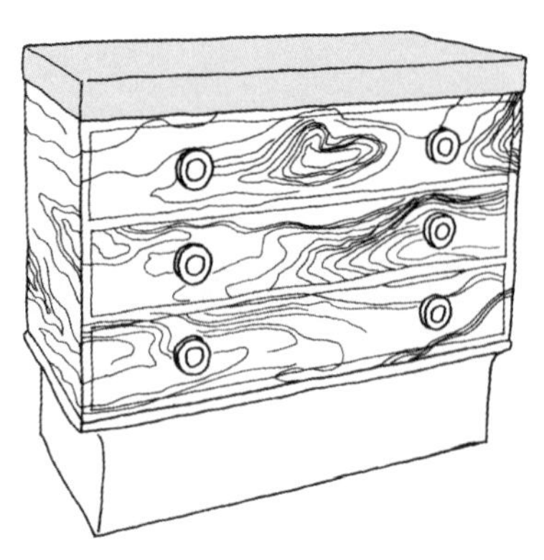

格瑞借鉴日本的建筑手法设计的收纳柜。抽屉的木纹给人强烈的视觉冲击，也被称作斑马纹收纳柜。柜面是油漆涂饰，拉手是象牙制的。

“我回来啦！”进入家门时，如果有熟悉的东西能够迎接你的目光，会产生一种安定的感觉。这在空间设计中被称作“视线落点（eye stop）”。漂亮的绘画或观叶植物都是很好的视线落点，但如果想兼顾实用性的话，推荐色彩艳丽的收纳柜。很多玄关的鞋柜或壁橱里放不下的小物件可以放入收纳柜。

这些物品放在玄关附近很方便，比如说出门时要携带的零钱袋、钥匙和环保袋。有时候，穿鞋时会无意中发现长筒袜跳线了，想在玄关放些备用的长筒袜。另外，放一些便笺纸、明信片、邮票等，出门时可以随手写一张卡片，马上投到邮筒中。

格瑞设计的这款收纳柜，虽然是小型家具，但存在感很强，很适合作为视线落点。因为外观独具个性，所以没有必要再在上面摆放鲜花进行装饰。在玄关放一个别具风格的收纳柜、照明设备或写字台，让这些家具成为欢迎宾客的好帮手吧。

兼具实用性的视线落点

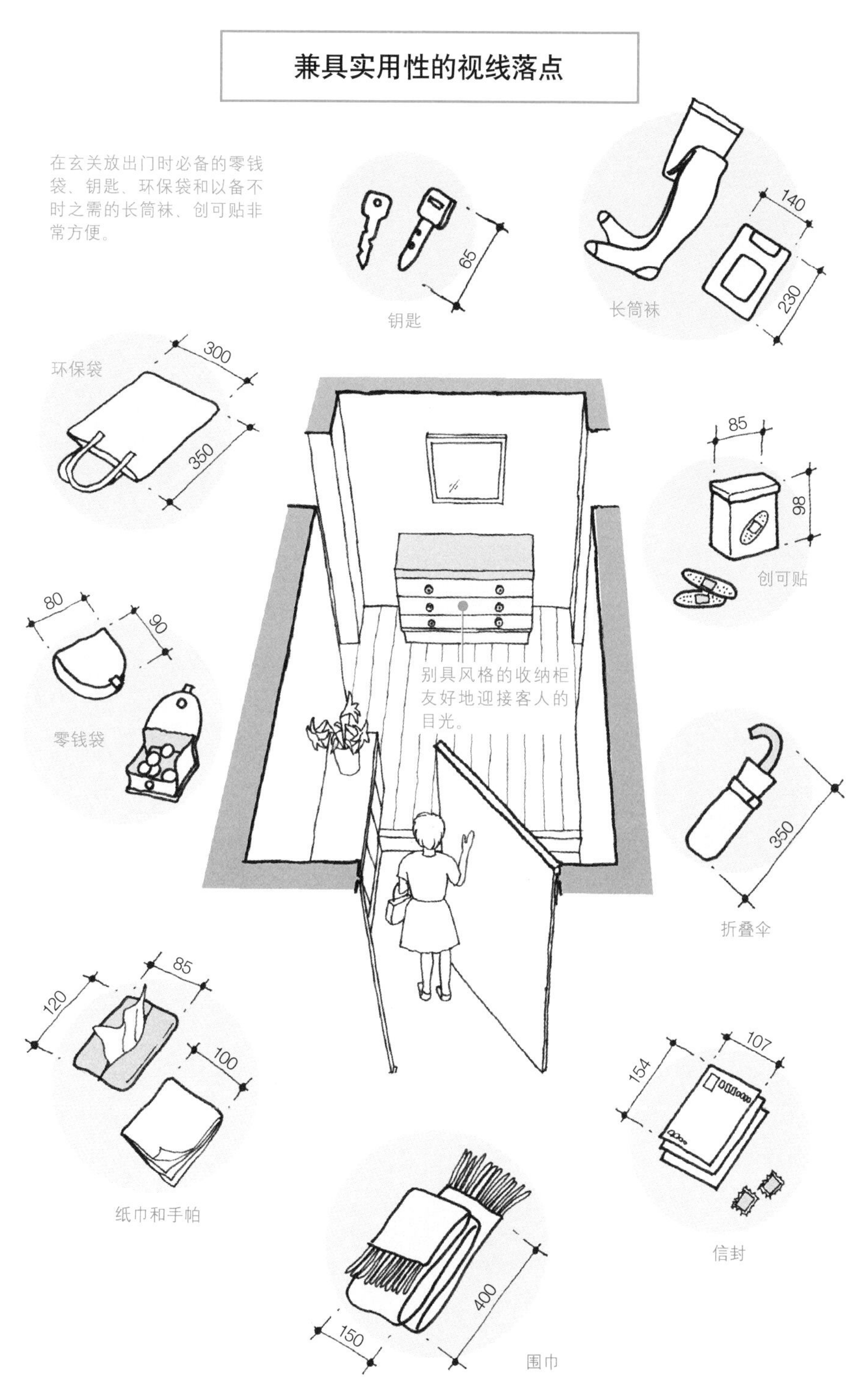

【MEMO】这款收纳柜磨掉了木材中较软的部分，使木纹浮现出来，一般用杉木或梧桐等软木材。

脱胎换骨的烟灰缸

戒烟后如何处理烟灰缸……

最近，人们的健康意识日趋增强，吸烟者数量明显下降。戒烟当然是好事，可是这样一来，烟灰缸就变得多余了。

烟灰缸虽然功能单一，但很多烟灰缸都用昂贵的材料制成，其中不乏优秀的设计作品，这样的烟灰缸束之高阁未免太可惜了。在包豪斯设计学院的作品中，布朗特设计的烟灰缸颇有名气，它的原型是银制品（详见 MEMO）。这款烟灰缸的设计十分简洁，在沉甸甸的半球里开一个圆形的小孔，如果不是在半球边缘设置了一个可以放香烟的地方，可能不会有人看出它是烟灰缸。

外形美观的小摆设，应当让它们成为大显身手的装饰品。但是烟灰缸原本不是工艺品，而是生活用品，把它放到不能触摸只能观看的装饰架上太浪费了。如果放在玄关附近或写字台上，可以作为收纳小物件的容器，虽然与原本的功能不同，但兼具美观与实用性，赋予了烟灰缸新生。

让物品释放自然的存在感

小物件收纳

可以把小东西放在里面，还可以把钢笔像纤细的香烟一样摆在上面，这些都会给日常生活提供便利。

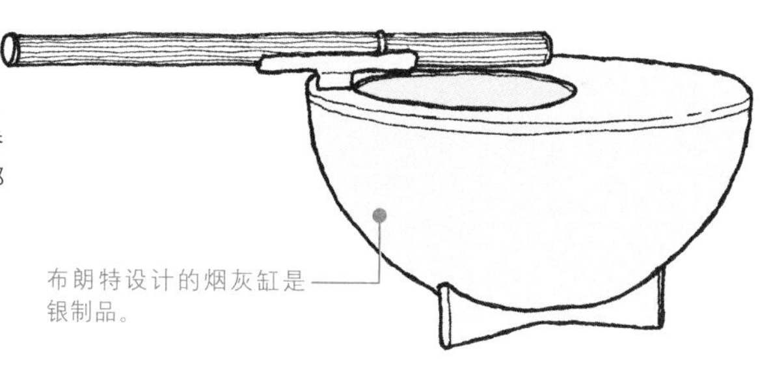

布朗特设计的烟灰缸是银制品。

把烟灰缸放在玄关，成为“可以用的工艺品”

签收包裹时，往往因为找不到印章而大伤脑筋，这样的经历可能很多人都有过。把烟灰缸放在玄关，可以用来收纳印章。还可以作为装饰品。

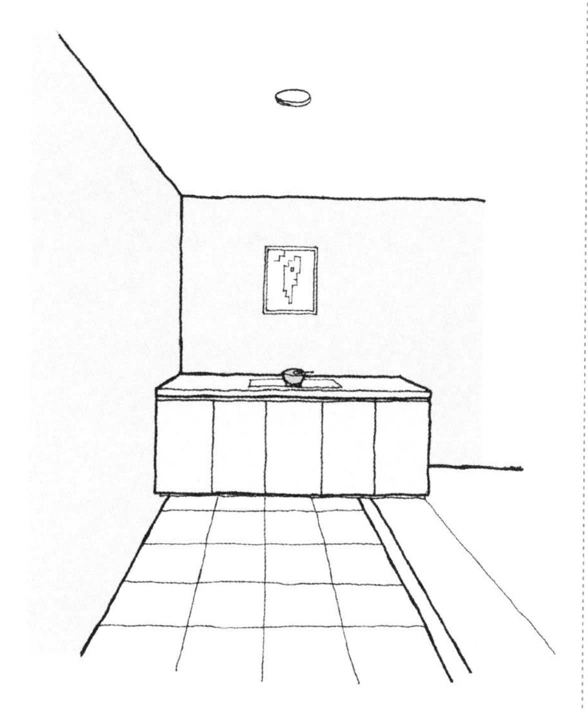

其他烟灰缸

布朗特在包豪斯设计学院期间，设计了各种烟灰缸。

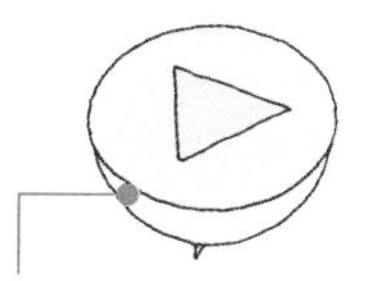

在青铜制的半球里开一个三角形的小孔，并在上面盖上银制盖子的烟灰缸。

银制的烟灰缸。上面的小碟向下倾斜，烟灰能够落到下面的缸里。

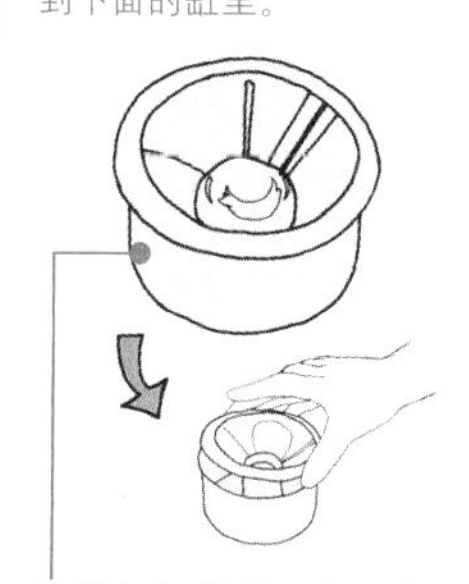

把烟灰缸的盖子向上提，堆积在中央处的烟灰就可以落下去。

【MEMO】银制品接触空气会硫化变黑，定期清理必不可少。不用的时候，最好用保鲜膜包好放在塑料袋里。

吧凳 / 艾琳 · 格瑞

时尚的化妆椅

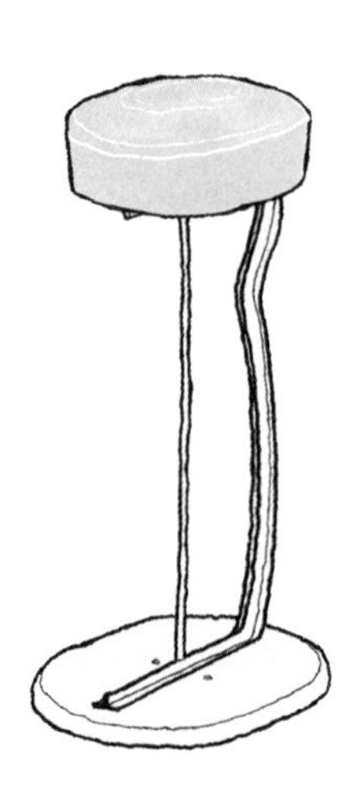

格瑞设计的吧凳。黑色皮革座面上的白色纹路尤为抢眼。为了保证稳定性，椅子腿的制作略显粗糙，涂上白漆后就没那么明显了。

化妆是为了漂亮，我们当然希望能舒适地完成这个过程。在房间里设置专用的梳妆台是不错的办法，但化妆时常常要用到水。从这一点上来说，在盥洗室化妆更方便。站着化妆缺乏稳定感，常常失误。坐着化妆，普通的椅子又不适用于比桌子高的洗面台；高度适用于洗面台的椅子往往又因为注重实用性而缺乏美感，破坏了化妆的气氛……

格瑞在盥洗室里摆放了一款非常有趣、时髦的吧凳。她把通常在酒吧喝酒时使用的吧凳活用到住宅中。吧凳比普通椅子高一些，很适合稍微搭着边儿坐在上面护肤或化妆。而且，外形精致美观，仅仅是摆在那里，就提升了盥洗室的格调，让洗面台摇身一变成为梳妆台。

在意想不到的地方摆放一些时尚的物品，让人心情愉悦的场所也会随之增多……这是一个绝好的提议。

日常生活的空间也可以很时尚

洗面台前摆放普通的椅子，化妆时高度不够。

高度适用于洗面台的椅子缺乏美感，容易破坏化妆时的情绪。

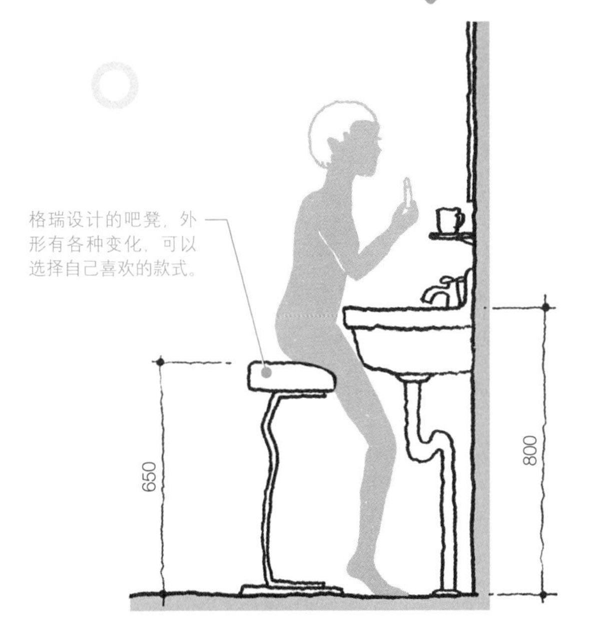

格瑞设计的吧凳，外形有各种变化，可以选择自己喜欢的款式。

吧凳的高度恰好适合搭着边坐在上面。双脚触到地板上便于化妆时用力。有这么时尚的吧凳，每天化妆时都会心情大好。

浴室 / 夏洛特 · 贝里安

浴室是放松休息的地方

与其他国家住宅相比，日本住宅比较特别的地方是浴室。在没有淋浴处的欧洲浴室，洗澡、泡澡都在浴缸里。通常，浴缸和马桶、洗面台都在同一个空间里，洗澡时可以看到马桶，即使房间很宽敞，也会有拥挤的感觉。

日本的浴室里有淋浴的场所，要先冲洗身体，然后在浴缸里悠然自得地泡澡。贝里安在日本生活时，了解到日本人沐浴的目的不仅仅是清洗身体，从脱去衣服洗澡到离开浴盆、保养皮肤的一系列流程都是为了放松休息而进行的"仪式"。因此，她把日式浴室和更衣室、浴池融为一体的欧洲浴室相结合，设计出能够流畅地进行沐浴流程的新形态浴室（详见 MEMO）。

平时因为忙碌总是以简单的淋浴结束洗浴的人们，是不是也应当重新考虑一下贝里安欣赏的日式浴室的优点呢？

浴室的一般布局

干湿分离

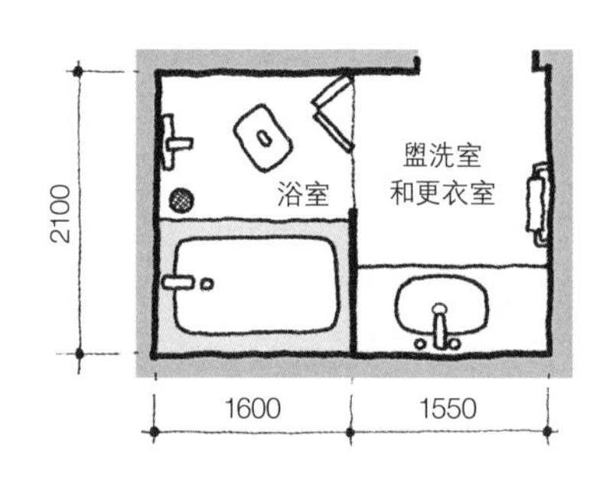

更衣室和浴室被划分为两个空间，都显得狭窄。马桶单独设置在其他房间。

干湿不分

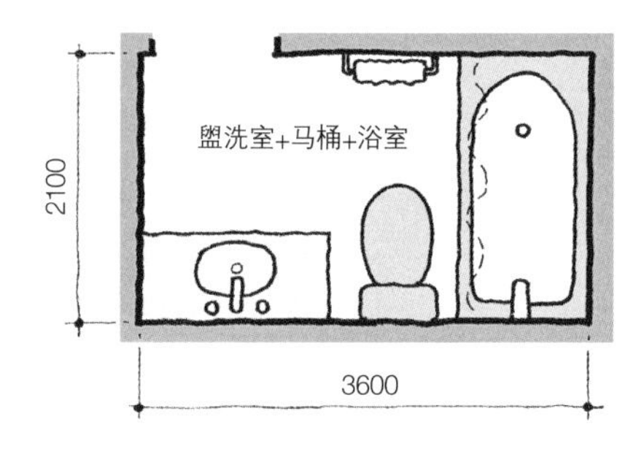

马桶和盥洗室、浴室在同一个空间里，洗澡时会看到马桶，空间宽敞一些。

小巧又宽敞的浴室

融合了日本浴室和欧洲浴室的优点

把浴室和更衣室集中到一个房间里，淋浴后在浴缸里泡澡放松，然后悠闲地护肤，这一连串的流程可以舒适并顺利地进行。这样的空间不仅能洗干净身体，还能让人静下心来享受这一空间。

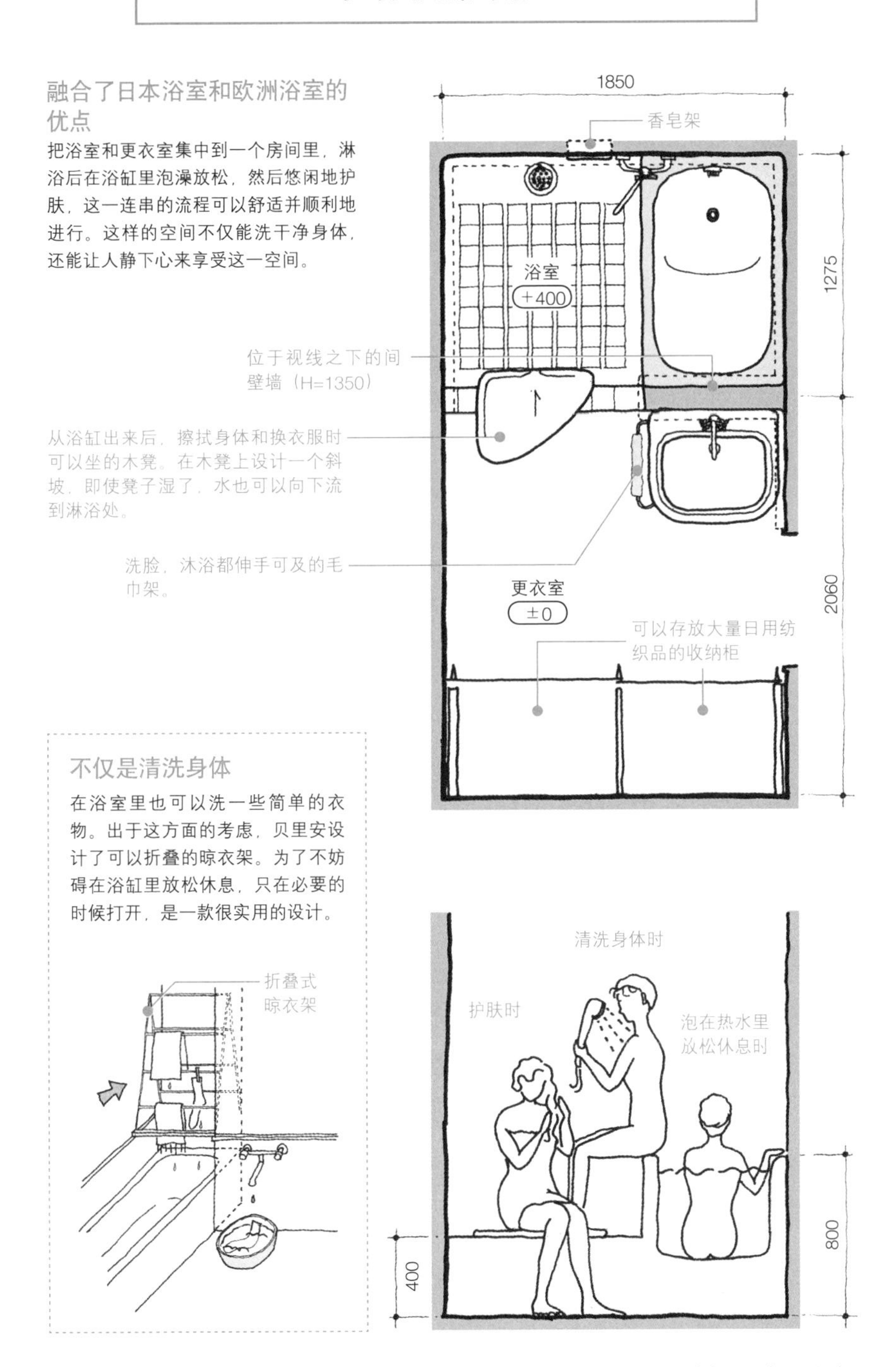

不仅是清洗身体

在浴室里也可以洗一些简单的衣物。出于这方面的考虑，贝里安设计了可以折叠的晾衣架。为了不妨碍在浴缸里放松休息，只在必要的时候打开，是一款很实用的设计。

【MEMO】浴室和更衣室在同一个房间时，要特别注意换气。除了使用防止发霉的换气机之外，还要确保通风换气的窗户面积。窗户上很容易堆积水汽结露，用双层玻璃比较好。

壁挂式马桶 / 夏洛特·贝里安&琼·博罗

马桶不着地，清洁无障碍

拖把很难伸进马桶后面的狭窄空间，打扫时非常麻烦。

最近，清洁机器人的人气大涨。它能够把室内的各个地方都打扫干净，但是，它不可能移动地板上的物品。自己用吸尘器打扫的时候，地板上的东西有时候很碍事，特别是很重的东西。为了减少容易堆积灰尘的角落，选择悬挂在墙壁上的家具（详见 MEMO）更方便。

马桶也是清洁地板时比较棘手的地方。最近，外形简洁的马桶不少，但由于马桶后面的空间狭窄，很难把拖把等清洁工具伸进去……既然这样，让马桶悬挂在墙壁上就解决问题了！从使用者的角度出发，贝里安携手设备设计师博罗一同设计了这款壁挂式马桶。它的便利性逐渐被人们认可，现在西欧的新式马桶很多都是壁挂式的。因为这款马桶会给墙壁增加相当重的负担，所以在木造住宅较多的日本并不常见。选择壁挂式的马桶，清洁机器人出场的机会也随之增多，又有一项家务负担减轻了。

便于清洁的壁挂式马桶

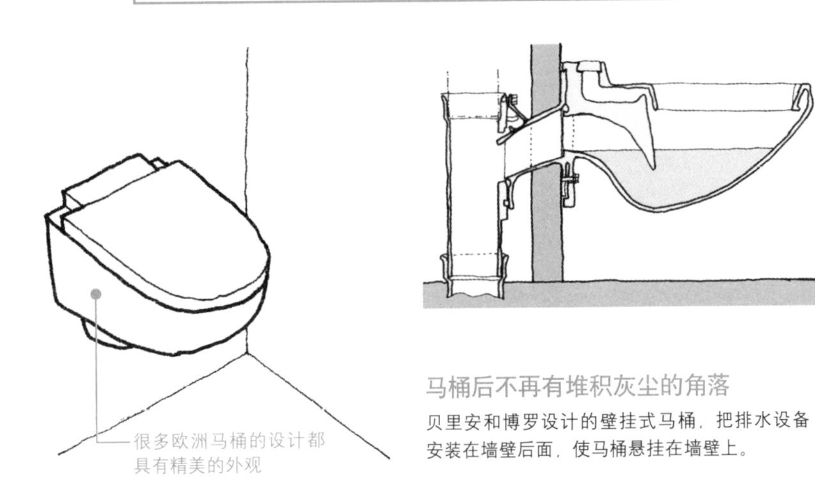

马桶后不再有堆积灰尘的角落

贝里安和博罗设计的壁挂式马桶，把排水设备安装在墙壁后面，使马桶悬挂在墙壁上。

易清洁的壁挂式家具

悬挂在墙壁上的家具，很容易打扫。不能悬挂在墙壁上的家具，要选择和地板之间有空间的，才方便用吸尘器。当然，如果家具紧紧贴着地板，灰尘不易进入家具下面的空隙也可以。

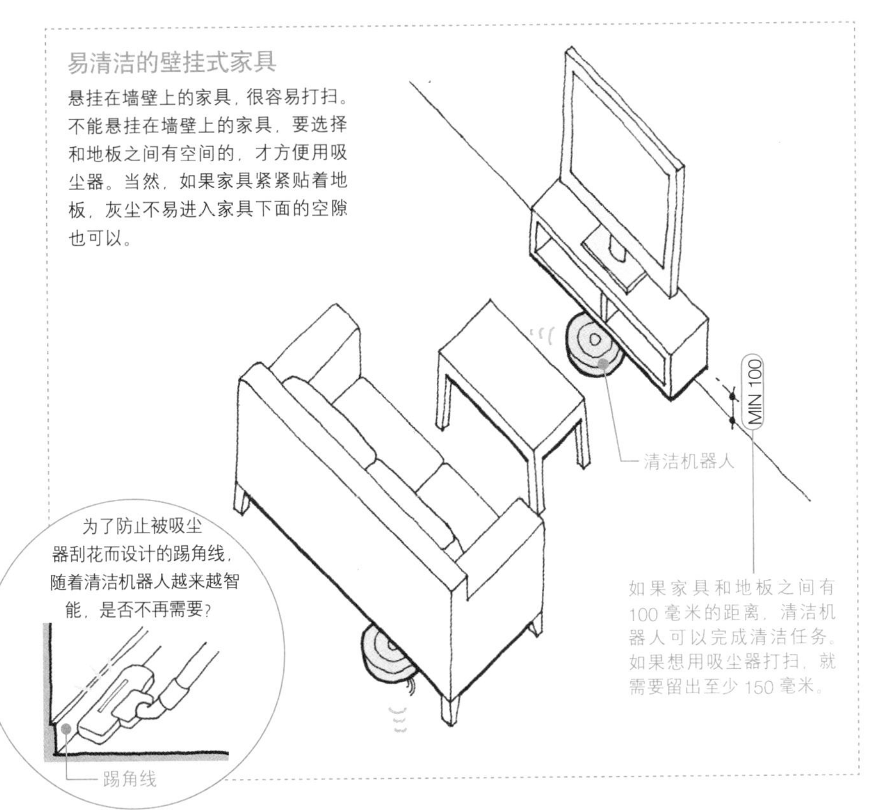

【MEMO】壁挂式家具悬挂在墙壁上，墙壁承载重量，要设想好承载物品的重量，做好加固，并保证家具的一端可以与墙壁牢牢地接合在一起。还可以用膨胀螺栓把角铁固定在墙壁上。

严禁藏而不用！实用的天花板收纳

天花板内部和屋顶常有意想不到的收纳空间。

收纳季节性物品占用相当大的空间。这些物品只是偶尔用，所以容易被搁置在存取不方便的地方——即“从不打开的收纳”。

很多时候，天花板里有不小的空间，最适合用来收纳季节性物品。但是，即使只取出其中的一件，也要准备梯子和手电，非常麻烦。因此，格瑞设计出非常方便的天花板收纳结构。首先，设置通向天花板的专用通道，是一段手里拿着东西也可以轻松走上去的阶梯。她的另一个创意是，设置透明的收纳架，这样，天花板里收纳的物品就一目了然。架子的搁板是透明丙烯材质，从下面就能够看清架子上的物品。架子的纵深由收纳的物品决定，要注意的是如果天花板收纳过深，很难够到里面的东西。当然，也不要忘记安装照明设备（详见 MEMO）。

不要让天花板收纳成为“从不打开的收纳”，秘诀是：第一，存取物品要方便；第二，清楚地看到收纳的物品。格瑞紧紧抓住天花板收纳的特点，并在改善使用方法上动了不少脑筋，其他收纳空间也可以参考和借鉴。

超实用的天花板收纳

方便地存取物品

不必每次拿梯凳就能方便取放物品的天花板收纳。格瑞为卡斯提亚住宅的天花板收纳设置了阶梯。在日本住宅中，往天花板里存放物品时经常用到梯子，但不方便单手拿东西上下梯子。

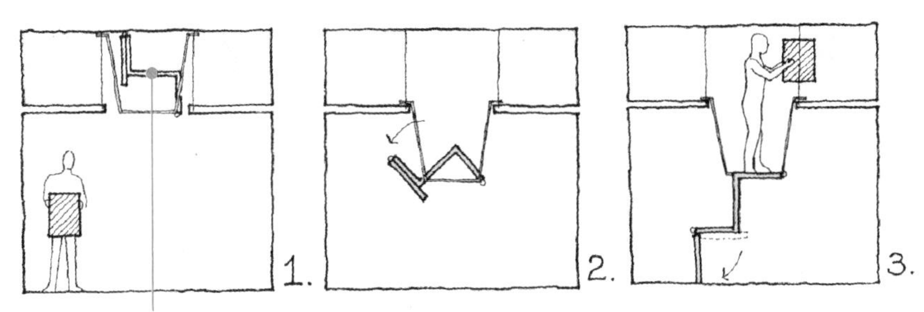

很轻松地就可以把梯子放下来。

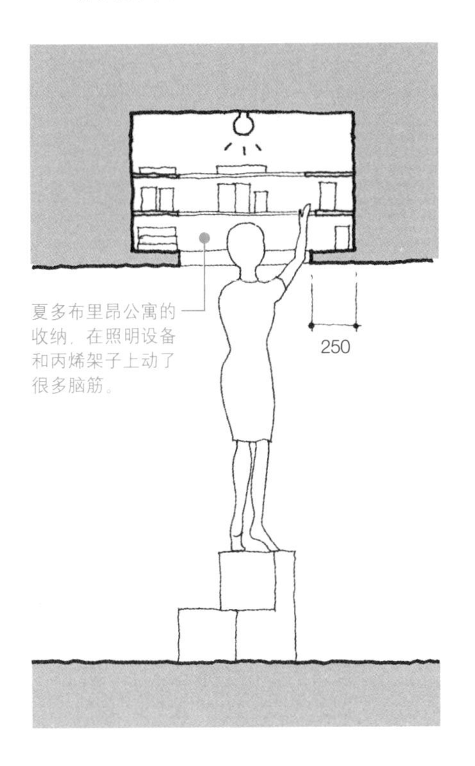

夏多布里昂公寓的收纳，在照明设备和丙烯架子上动了很多脑筋。

收纳的物品要容易看到

如果看不到收纳的东西，天花板收纳就失去意义了，所以需要一目了然的架子。尽量把架子的纵深控制在伸手够得到的范围内。这和使用者的身高有关。最好在天花板里安装照明，而且要考虑好开关的位置，最好设置在可以轻松触到的地方。

架子是透明丙烯材质，从下面也能清楚地看到收纳架上有哪些物品。

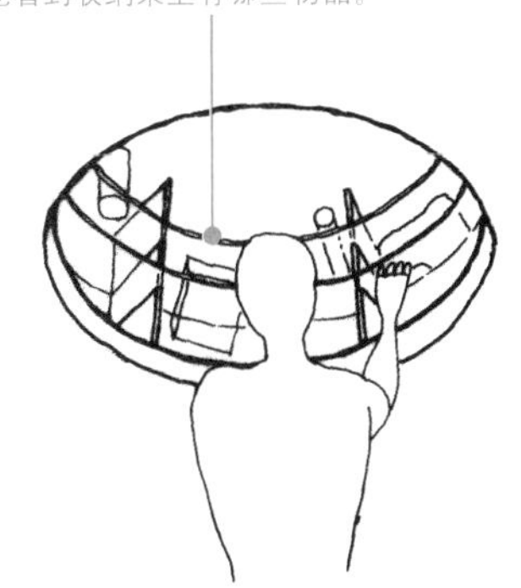

【MEMO】天花板里除了安装照明，还应当设置换气设备。左图里的天花板收纳平时是关闭的状态，通过金属盖子来换气。右图里的天花板收纳平时是敞开的状态，为了防止地震时里面的东西掉落下来，要尽量收纳较轻的物品。

楼梯收纳 / 夏洛特 · 贝里安

可收纳，可攀登

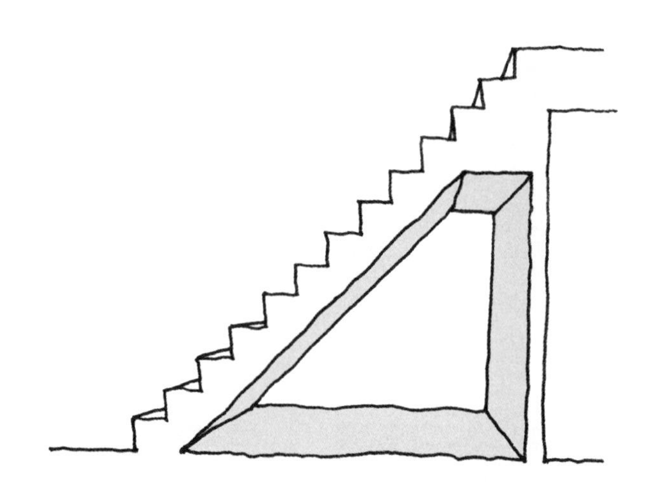

楼梯下的空间非常宽敞，但是整体呈现出三角形，不便于收纳物品。

就算是很小的空间，也想用来收纳……这类收纳的代表是楼梯收纳。楼梯下非常宽敞，但空间呈三角形，使用起来很不方便。

箱梯是很好的创意，顾名思义，箱梯是把箱子摆放成阶梯状，并在楼梯下不留空间地设置抽屉或小柜子的收纳。大部分箱梯的收纳都有精细的划分，用起来非常方便，但是上面的抽屉，如果不踩梯凳就够不着。而且台阶比较狭窄，又没有扶手，上下楼梯并非易事。

在不足 30 平方米带阁楼的小公寓里，必须要设置收纳和楼梯的时候，贝里安脑海里浮现出了日本的箱梯。她改善了抽屉不方便使用、台阶上没有扶手的缺点，设计出改良型箱梯（如下页图所示）。这款楼梯收纳是古代人智慧在现代设计中得到升华的一个典范。

各种各样的楼梯收纳

日本传统的箱梯

在日本的传统民居里，兼具橱柜和楼梯功能的家具，能够有效节省空间。有可以移动的，也有和柱子或墙壁一体的。虽然叫箱梯，但是从形状来看却不是梯子，而是台阶堆积起来的楼梯。

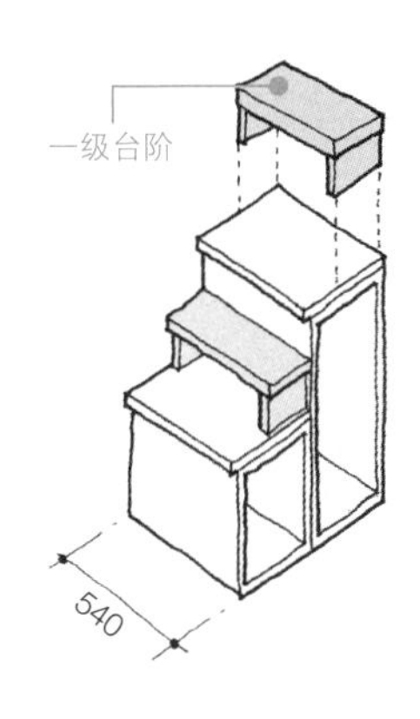

箱梯的进化型

将小公寓狭窄走廊里常用的日本传统箱梯改良，把两个纵深不同的箱子并排摆放到一起，中间放一层踏板，结构非常简单，比传统箱梯的台阶少，可以将衣服悬挂起来收纳，也解决了上面不方便使用的问题。

贝里安设计的楼梯收纳

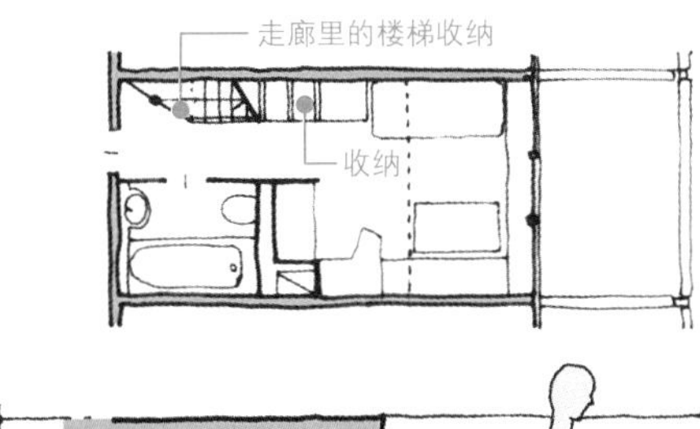

不足 30 平方米的带阁楼小公寓。没有足够的空间设置收纳场所和通往阁楼的楼梯……于是，这款楼梯收纳诞生了。

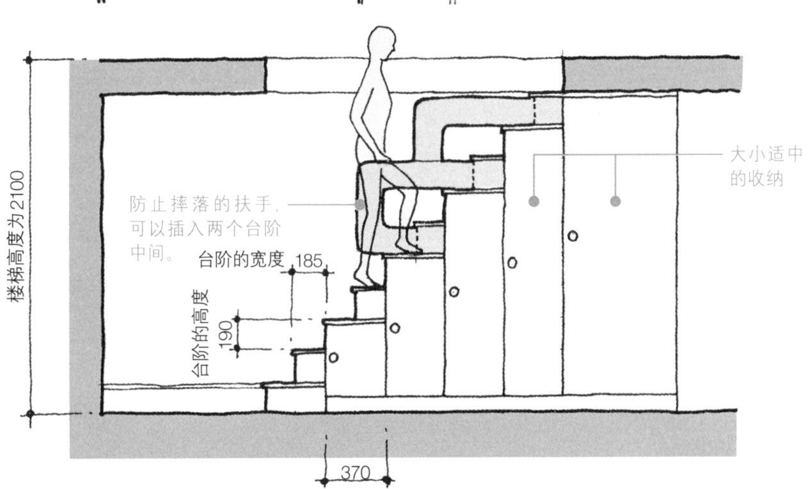

文件柜 / 艾琳 · 格瑞

给物品写上地址

洗面台旁边的墙壁上安装了小物件收纳架。紧挨着收纳架，用法语写着“小物件”。文字是装饰，也是很实用的设计元素。

把东西放得规规矩矩当然好，可是一旦拿出点什么，就忘了放回去，这样的事经常发生。那么，给物品也写上地址吧！

首先，应当确认物品的地址——即物品收纳在什么地方。最好是放在经常使用物品的场所附近，还有一点很重要，就是尽量把信封和邮票等经常一起使用的东西存放在一处。另外，还要根据物品的外形和性质来决定收纳场所。最好把物品存放在使用时可以看到的地方。

但是，文件等外形相似的东西，如果放在有很多抽屉的柜子里，不容易记住哪一层放了什么东西。格瑞干脆在抽屉上贴标签来解决这个问题。标签根据制作方法的不同，也成为设计的一部分。这里的关键是要做到“美观”。标签上的文字如果杂乱无章容易让人心烦，所以在文字的高度、数量和颜色等方面要多动一些脑筋。

一目了然的标签分类法

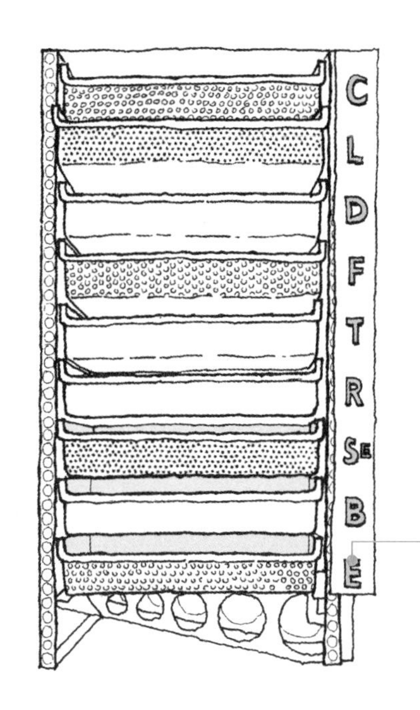

建议使用英文字母和标签

打孔金属板制成的文件柜。半透明的九层浅抽屉存取很方便，可是哪一层放了什么东西很难记住。因此，右手边贴上标签。为了避免杂乱，最好是采用首字母缩写的方式。建议使用英文字母。

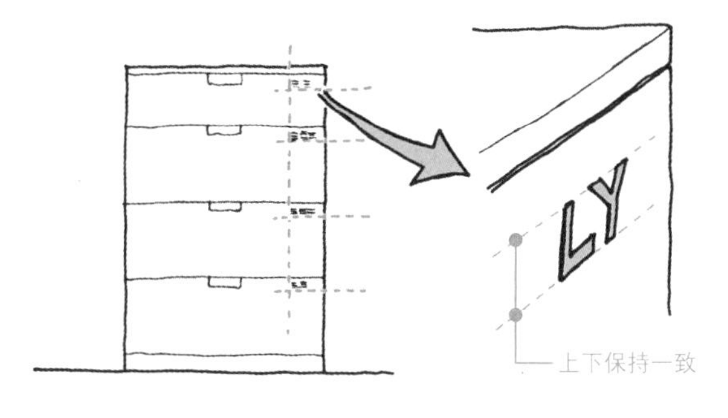

整齐一致是基本原则

制作标签的基本要求是整齐一致。包括高度、宽度、字数等，这样标签看上去会给人十分整齐的印象。要注意，经常摩擦印上去的文字会褪色甚至消失。

醒目但不突兀

标签上的文字尽量不要字号太大，这样看上去比较高雅。但是设计师难免会有想用大字号的时候。这时，文字颜色应当接近背景颜色（比如说，如果抽屉是白色的，就用灰色文字）。最好不要让文字的视觉印象过于强烈。

【MEMO】可以选择自己喜欢的字体，但是如果想看上去整齐，推荐使用没有衬线的黑体字。

Cube Chest / 艾琳 · 格瑞

一览无遗的衣橱

抽屉式的衣橱很常见，但只能看到拉开那一层抽屉里的衣服，搭配衣服不方便。

换季时往衣橱深处一看，忘记穿的衣服一下子映入眼帘……每个人都有类似的经历吧。杂志上说：一年都没有穿过的衣服应当果断地扔掉。可是把能穿的衣服扔掉未免太可惜了。关键在于，有些衣服被藏在衣橱里看不到的角落里（详见MEMO）。换衣服的时候，如果能看到自己拥有的全部衣服，可以轻松地搭配，再不会一天到晚只穿着抽屉上面能看到的衣服了。

这里介绍的衣橱是抽屉可以旋转，一眼能看到里面收纳物的杰出设计。抽屉的底板是透明丙烯制成的，容易看到下一层抽屉里放了哪些物品。缺点是把所有抽屉都拉出之后，占相当大的空间。因此，格瑞又参考了冰箱的设计，打开冰箱门并不需要占据很大空间就能够环顾到里面摆放的物品，创造出"一眼可将收纳物品尽收眼底的衣橱"。

可以看到全部收纳物的衣橱

一眼就能将衣物尽收眼底的衣橱

格瑞设计的衣橱。抽屉可以旋转，同时看到抽屉里的所有物品。但是，拉出全部抽屉占相当大的空间，这是它的缺点。

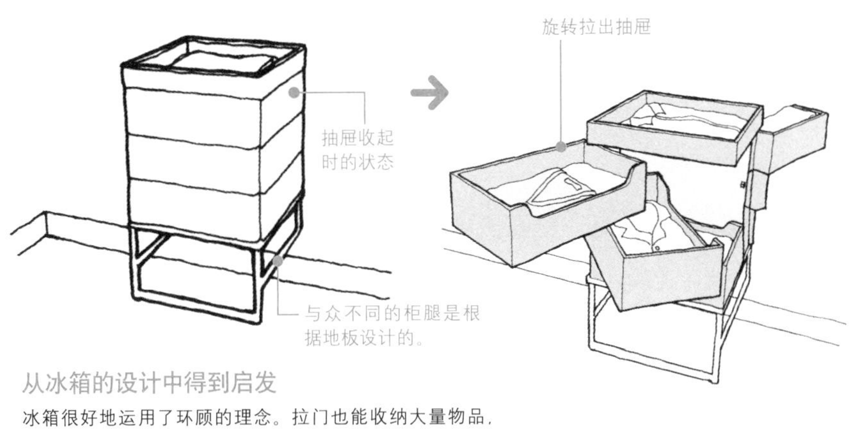

从冰箱的设计中得到启发

冰箱很好地运用了环顾的理念。拉门也能收纳大量物品，打开拉门后，冰箱里的东西尽收眼底。运用冰箱这种设计的衣橱如图所示。

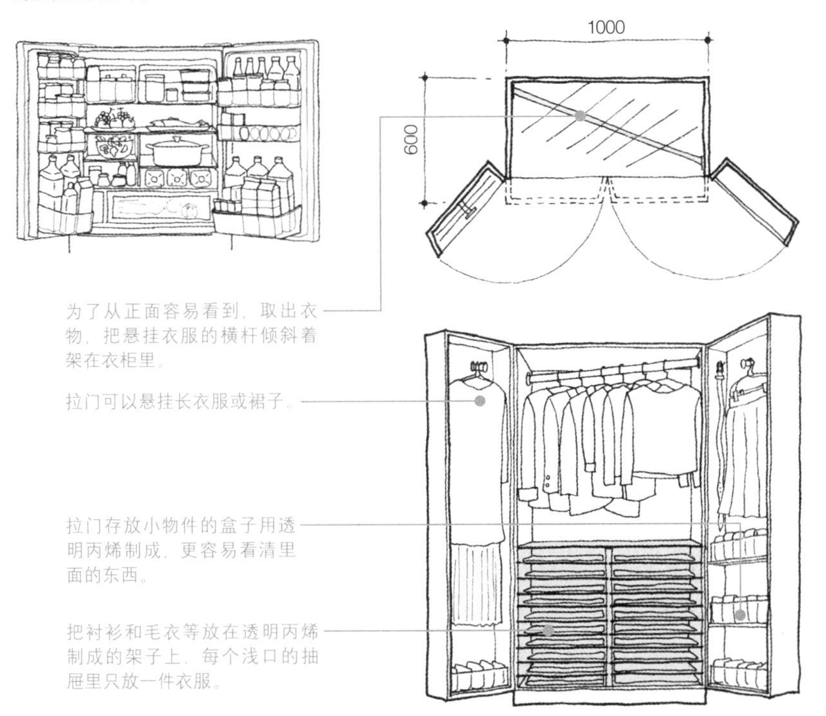

【MEMO】衣橱的纵深基本上在600毫米左右。衣橱下方设置放衣服的抽屉时，如果纵深过大，不容易看到里面的衣服。所以把抽屉分成两列，可随季节改变摆放衣服的顺序。

组合收纳 / 夏洛特 · 贝里安

根据物品设计，还是根据住宅设计?

存放衣物或文件等大小较为固定的物品时，最适合用组合收纳。组合收纳的型号有一定的规格，而且能够根据放置的场所定制，已经成为主流的收纳家具。

选择这种收纳时，要确认收纳物品的大小和组合收纳的规格是否吻合。贝里安在勒 · 柯布西耶的建筑事务所工作时，参与设计了世界上最早的组合收纳（分格柜），当时设计的柜体很庞大，主要当作间壁墙使用。20 年后，她考虑到组合收纳的尺寸应当由收纳物品的大小决定。这一次的设计获得了巨大成功。从此，和贝里安的设计作品中相似的组合收纳随处可见。

现在，人们也许只考虑到组合收纳的功能性，像勒 · 柯布西耶一样把组合收纳当作建筑物一部分的想法少了很多。其实，这方面的想法还有很多改良的余地。

作为间壁墙的组合收纳（分格柜）

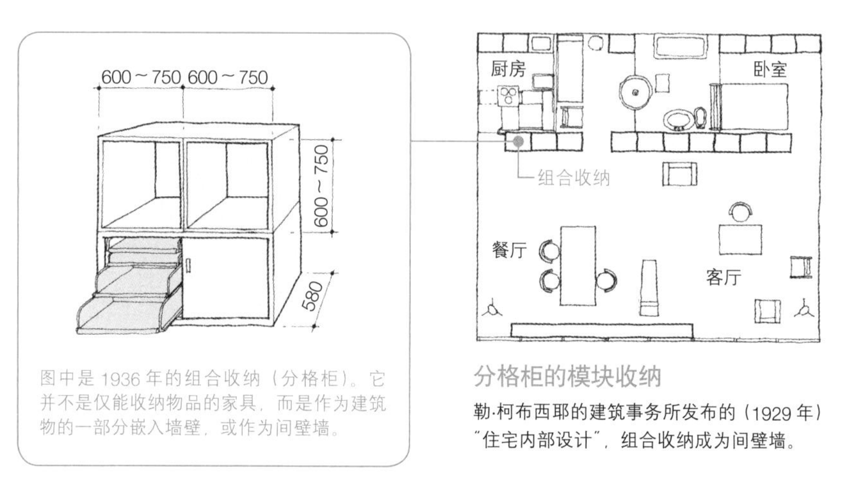

图中是 1936 年的组合收纳（分格柜）。它并不是仅能收纳物品的家具，而是作为建筑物的一部分嵌入墙壁，或作为间壁墙。

分格柜的模块收纳

勒·柯布西耶的建筑事务所发布的（1929 年）"住宅内部设计"，组合收纳成为间壁墙。

组合收纳的尺寸

贝里安设计的组合收纳

木箱组成的收纳。可以自由地叠放或增设架子和抽屉，对应不同的收纳目的。

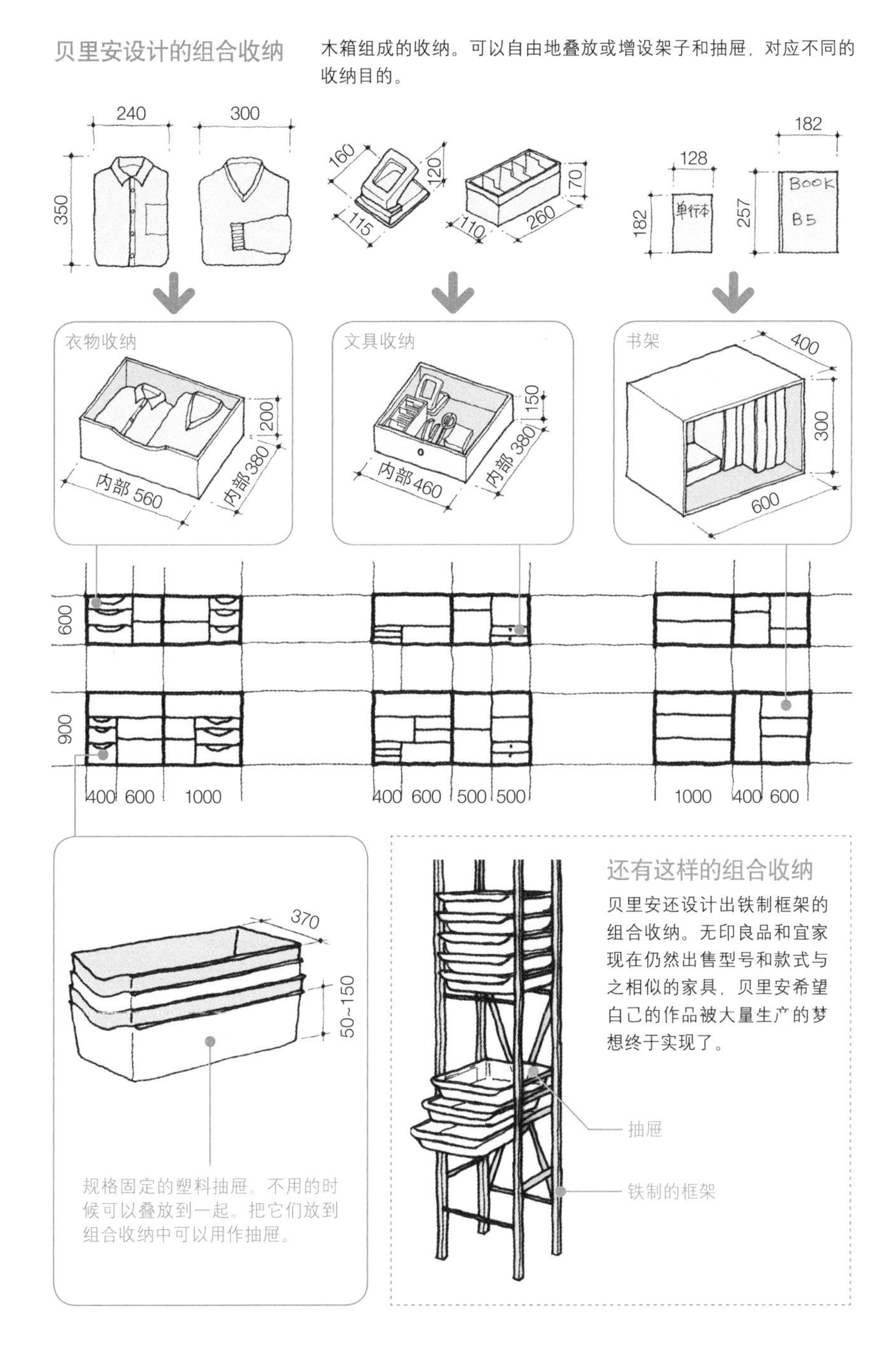

规格固定的塑料抽屉。不用的时候可以叠放到一起。把它们放到组合收纳中可以用作抽屉。

还有这样的组合收纳

贝里安还设计出铁制框架的组合收纳。无印良品和宜家现在仍然出售型号和款式与之相似的家具，贝里安希望自己的作品被大量生产的梦想终于实现了。

Hang it All / 查尔斯 · 伊姆斯&蕾 · 伊姆斯

不论什么东西，全部挂起来！

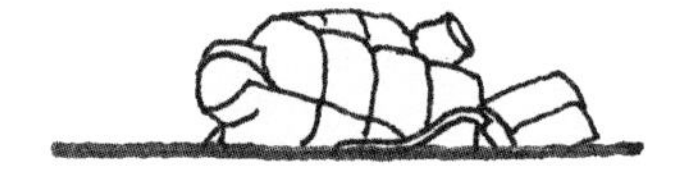

把东西挂起来就可以完成简单的整理。玄关附近如果有挂钩非常方便。

把常用的物品一件件收拾起来非常麻烦，所以我们常常把东西到处乱丢。这时候，应该有效地利用悬挂收纳。设计悬挂收纳的关键是，不管什么东西，都可以轻松地挂在上面。

日式房间里连接柱子的长押就是很好的悬挂收纳。它恰好位于伸手够得着的高度上，悬挂衣服非常方便。

和日式房间里连接柱子的长押一样，欧美风格的房间里用的挂镜线也有相同的作用。盖新房时就设置挂镜线不会显得突兀，还可以根据实际需要增设挂钩，建议在儿童房等房间里使用挂镜线（详见MEMO）。另外，也可以用像伊姆斯设计的“Hang it All”一样的艺术挂钩。“挂什么东西好呢？”思考这个问题可以培养孩子的想象力，即使什么也不挂，单看着艺术挂钩也让人很愉快。悬挂收纳让孩子也可以很方便地使用，还可以帮助孩子养成收拾整理的习惯。

各式悬挂收纳

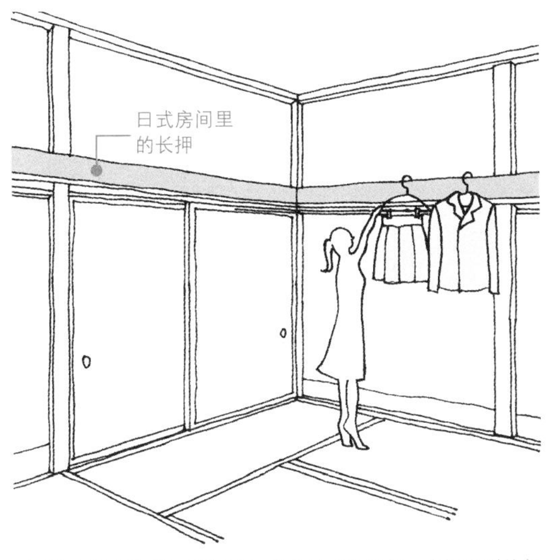

日式房间的所有墙面都设置了连接柱子的长押，房间里到处都可以挂衣架……

悬挂收纳的鼻祖——日式房间里连接柱子的长押

以前，日式房间里连接柱子的横木是住宅的一部分。现在已经成为挂衣架的地方。虽然位置有些高，但是不管挂多少东西，都不会让人觉得突兀。

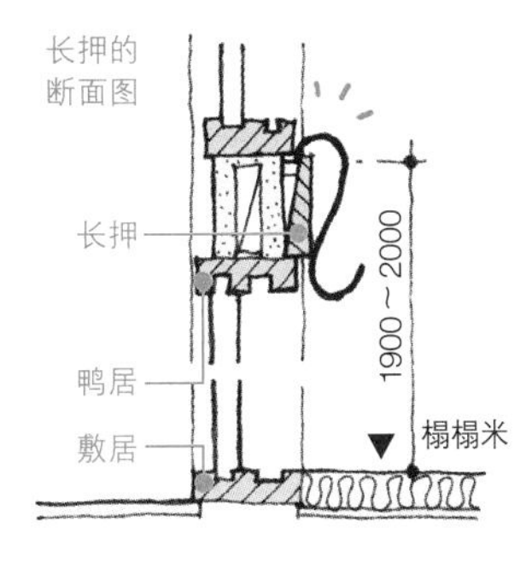

建议在儿童房使用挂镜线

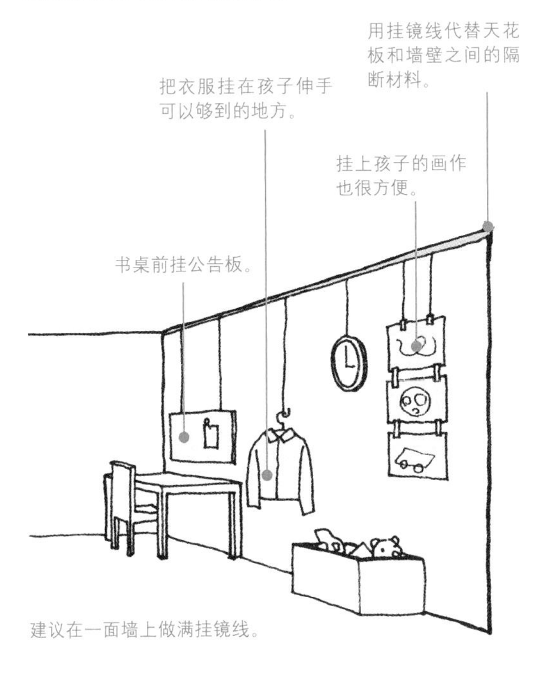

建议在一面墙上做满挂镜线。

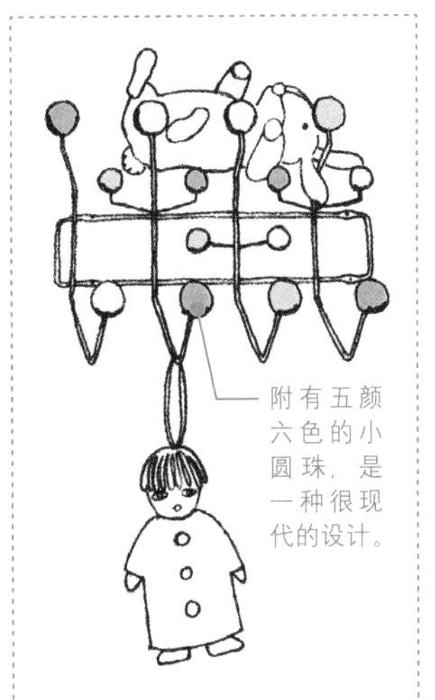

伊姆斯设计的 Hang it All

伊姆斯把这款艺术挂钩命名为"Hang it All"。正如名字强调的，它能帮助人们"把所有东西都挂起来"。不仅可以挂，还可以放东西。

【MEMO】挂镜线也可以后安装，如果设在天花板与墙壁衔接处的包边里，就不会突出来，显得更整齐。事先想好悬挂物品的重量，并选择合适的材料作为挂镜线的框条。

建筑师的柜子 / 艾琳 · 格瑞

物品也要有个家

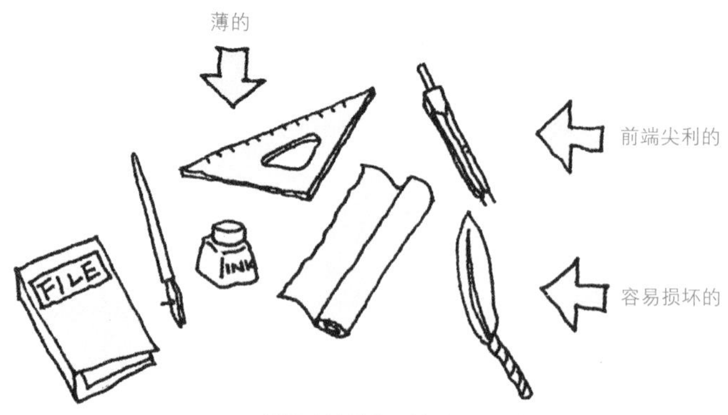

要研究清楚物品性质后再设计收纳。

常会听到这样的说法：整理的秘诀是给物品找一个家。家中散落得乱七八糟的小物件，它们的形状、大小、重量以及使用频率各有不同。如果不考虑各自的性质就塞进柜子，堆在一起的物品很可能变形，最棘手的问题是：什么东西放在哪里了，根本不记得。

格瑞设计的“建筑师的柜子”，给物品找到了家。其优点在于，不仅可以把大小不同的物品恰好放入各自的收纳处，还根据物品的不同性质为收纳处设计了最方便的打开方式。比如，又薄又轻的东西放在可以轻松拉开的旋转抽屉里；为体积偏大且形状不规则物品设置较大的门板（详见 MEMO）。这款柜子能够督促人们把小物件规规矩矩地放回原处。乔 · 科伦坡设计的“博比手推车（Boby Wagon）”也承袭了“享受收纳乐趣”的理念，成为长期畅销的商品。

收纳处就可以告诉你，这里应该放什么。

格瑞设计的“建筑师的柜子”结构，让人自然知道这里应该放什么。

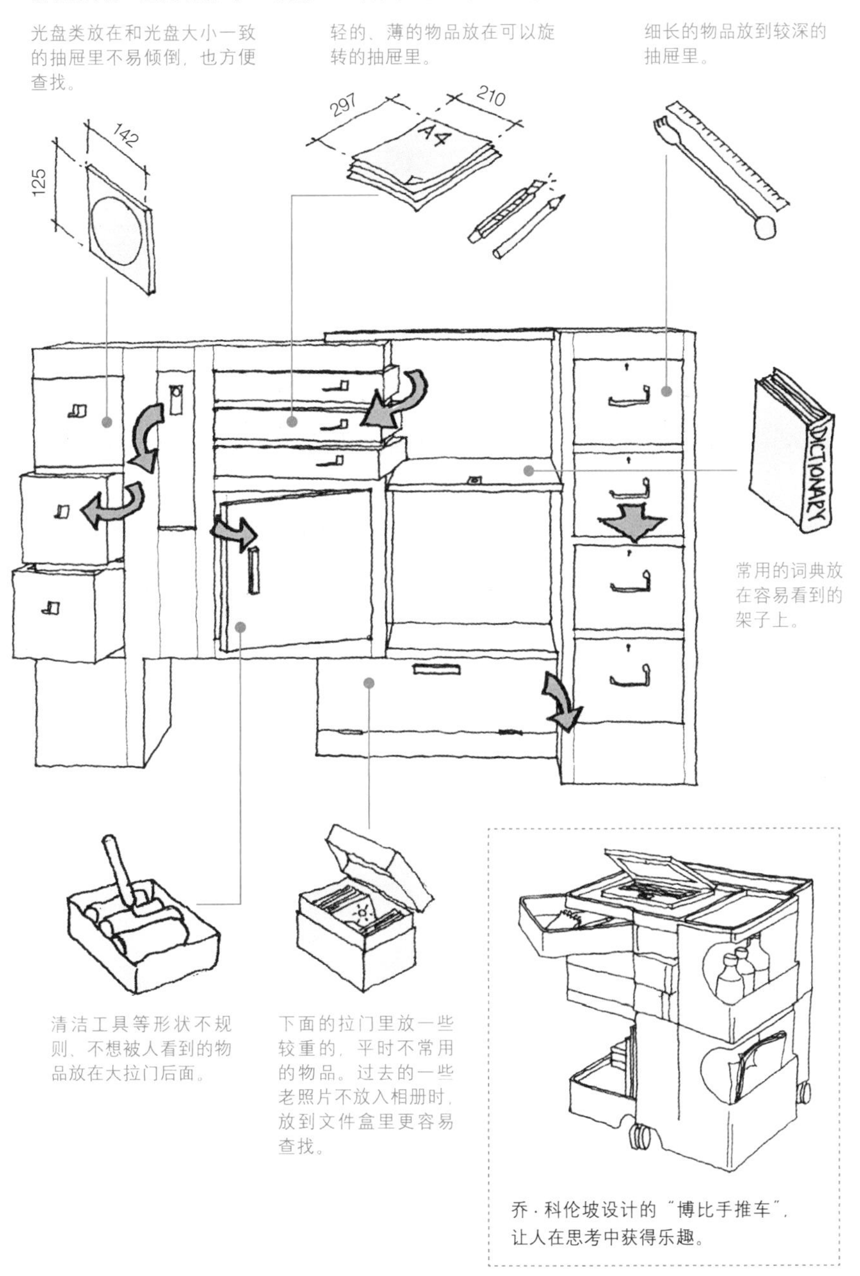

乔·科伦坡设计的“博比手推车”，让人在思考中获得乐趣。

【MEMO】应该根据物品的性质，为收纳处分别设置便于打开的方式，选择与之相适应的五金部件也非常重要。比如，合页的种类很多，除了常用的滑动合页外，还有隐藏合页，烟斗合页等。

施罗德住宅的一楼 / 图卢斯 · 施罗德 · 施雷德&格里特 · 里特维尔德

利用视觉错觉让房间更宽敞

如果能看到房间的终点，会觉得很狭窄。

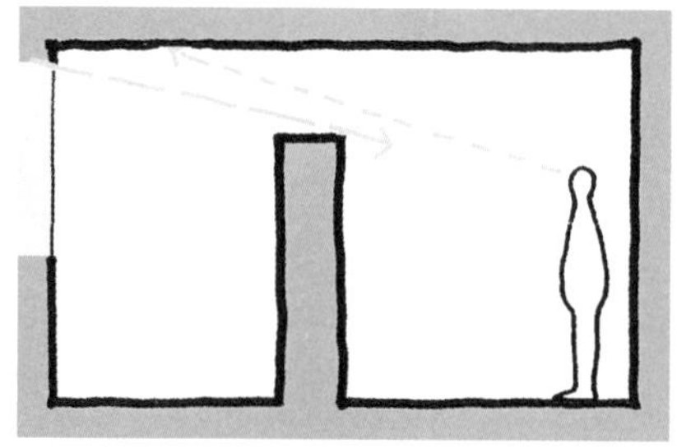

视线穿过间壁墙，产生一种房间变得宽敞的感觉。隔壁房间射来的光线有特别的照明效果。

房间被划分成小的空间之后，就会有一种被墙壁包围起来的感觉……使用自然的房间间隔方式（见第 52 页），能够保证房间之间的连接关系，还能产生一种宽敞的感觉。必须用墙壁来间隔房间的情况下，至少要让视线可以穿过间壁墙。

如果看不到房间的终点，会产生一种空间向外拓展的错觉。利用这种感觉，把间壁墙的一部分设置成视线可以穿过的玻璃，房间就会有开放感。为了确保每个房间里的私人空间不被侵犯，把视线可以穿过的部分设置在间壁墙的上部效果更佳。看上去连接在一起的天花板和隔壁房间照射过来的灯光效果，会让房间产生一种深邃感。

让房间更宽敞的秘诀

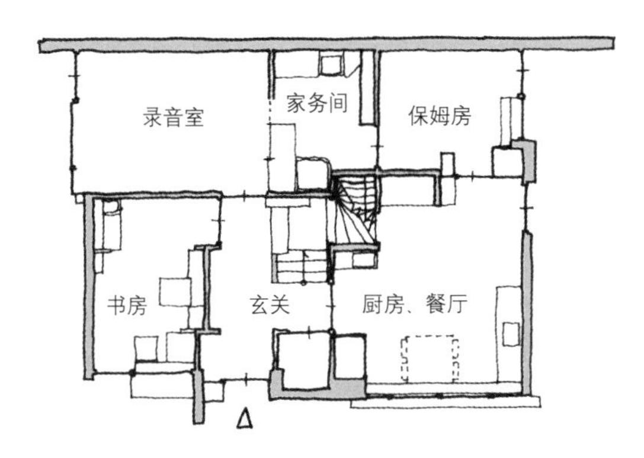

施罗德住宅的一楼

二楼用可移动房间间隔，具有开放感（➔参考 54 页），一楼的房间用墙壁间隔。其实，房间里间壁墙的上方都安装了玻璃，可以看到隔壁房间，不会觉得狭窄，由此可见，设计师在这方面动了不少脑筋。

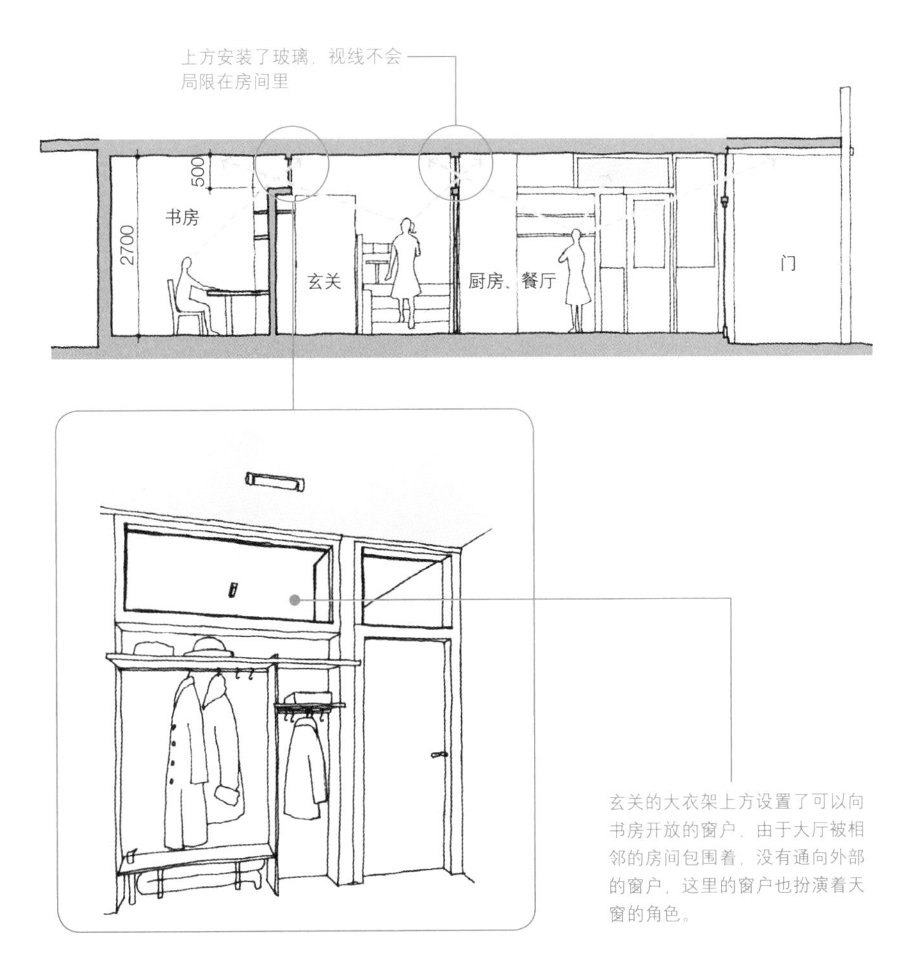

玄关的大衣架上方设置了可以向书房开放的窗户，由于大厅被相邻的房间包围着，没有通向外部的窗户，这里的窗户也扮演着天窗的角色。

COLUMN

9 让勒·柯布西耶嫉妒的空间

艾琳·格瑞

相关作品

参见第32、52、60、68、78、92、96、116、138、142、148、152、154、160页

设计巨匠也认可的才能

“向艾琳·格瑞表达敬意的最后一个人竟然是勒·柯布西耶，说来是30年前的事情了，是不是有点奇怪？”这是刊登于1968年《多莫斯》（*Domus*）杂志上的一篇文章的开头。以这篇文章中对格瑞成就的重新评价为契机，她成为20世纪最有成就的女建筑师之一。格瑞一生只亲自参与过两处住宅的设计，而且这两处住宅的原型也没有保留，所以勒·柯布西耶对格瑞的才华认可，成为对她建筑师成就进行评价的核心。但是，格瑞与这位比她小9岁的建筑巨匠之间的关系并不简单。

E–1027

出生于爱尔兰贵族家庭的格瑞，在巴黎成为了风靡一时的家具设计师。后来她的兴趣逐渐从家具设计转移到空间设计。与格瑞交往的让·波多维奇比她小14岁，是一位建筑评论家。在让·波多维奇的支

建筑设计术语

多莫斯 *Domus*

1928年创刊于意大利的建筑设计杂志，如今已经成为建筑设计界具有重大影响力的刊物。

让·波多维奇

建筑评论家。介绍前卫建筑家的设计作品的杂志《住宅建筑（*L'ARCHITECTURE VIVANTE*）》的主编。

持下，格瑞从 46 岁开始自学建筑设计。上世纪 20 年代初期，她结识了让 · 波多维奇当时的好朋友勒 · 柯布西耶，与他新颖的建筑思想产生共鸣，并成为他的支持者。格瑞的处女作 E-1027 一眼看去很容易被误认为是勒 · 柯布西耶的作品，由此可以看出她受柯布西耶的影响之大。但是，在这个作品中她也提出了独特的建筑理念，促使勒 · 柯布西耶等人过于理论化的现代建筑设计回归到诉诸身体和感性的设计中。

E-1027 完成后不久，柯布西耶受波多维奇邀请参观，并表现出对这处住宅的欣赏。从尊敬的建筑师那里得到了肯定，格瑞的欣喜之情可想而知。但是，柯布西耶对格瑞设计的建筑表达出的感情是一种扭曲的感情。他在给格瑞的信中对 E-1027 大加称赞，同年他在这处建筑白色墙壁的八个地方画上了壁画。格瑞对自己设计的建筑物被胡乱涂鸦非常生气，从此再没有踏足 E-1027 半步。

马丁岬的度假小屋

战后，柯布西耶建了一座度假小屋，位置竟然就在 E-1027 住宅的正后方。波多维奇死后，E-1027 被拍卖，柯布西耶鼓动友人购买了这处住宅。后来，柯布西耶在度假小屋附近的海湾游泳时心脏病发作而亡。由于人烟稀少、宁静而吸引了格瑞的马丁岬，从此成为建筑界的一块圣地。直到 98 岁去世之前，格瑞都没有踏足过 E-1027。在格瑞留下的数量极少的书信中，仍能看到她精心保管着的柯布西耶的信。

建筑设计专业术语

E-1027
格瑞为波多维奇设计的别墅，位于法国的马丁岬罗克布伦湾。令人费解的作品名是两人姓名首字母的数字码组合。

马丁岬度假小屋
柯布西耶于1952年建造的一处小屋，依据黄金比例模块设计。

图书在版编目(CIP)数据

装修设计解剖书/〔日〕松下希和著；温俊杰译.
—海口：南海出版公司，2013.9
ISBN 978-7-5442-6672-7

Ⅰ.①装… Ⅱ.①松…②温… Ⅲ.①住宅－室内装
饰设计 Ⅳ.①TU241

中国版本图书馆CIP数据核字(2013)第182396号

著作权合同登记号 图字：30-2013-085

装修设计解剖书
〔日〕松下希和 著
温俊杰 译

出　　版 南海出版公司 (0898)66568511
　　　　 海口市海秀中路51号星华大厦五楼　 邮编 570206
发　　行 新经典发行有限公司
　　　　 电话(010)68423599　 邮箱 editor@readinglife.com
经　　销 新华书店

责任编辑 崔莲花
特邀编辑 余雯婧
装帧设计 徐　蕊
内文制作 博远文化

印　　刷 北京天宇万达印刷有限公司
开　　本 700毫米×990毫米 1/16
印　　张 11
字　　数 200千
版　　次 2013年9月第1版
　　　　 2016年11月第12次印刷
书　　号 ISBN 978-7-5442-6672-7
定　　价 39.00元